图解手编饰品大全

宋晓霞 马金生 马晓霞 郑 洁 邹 瑶 等编著

上海科学技术文献出版社

编 者 的 话

　　本书汇集了适合家庭手工编织的时尚精品饰物，包括披肩、帽子、手套、围巾、领饰、婴幼儿用品等。此外，每种饰品均有制作实例及编织说明，详细说明了物件所需要的材料、制作用具、尺寸以及编织要点和技巧。本书可操作性强，读者可根据喜好举一反三，编织出自己独创的饰品。

　　本书在编写过程中还得到叶文静、张佩娟、范国琴、詹国红、韩靖、王小萍、管云华等老师的大力帮助，在此表示衷心感谢。

目 录

手编饰品图………………… 1

饰品编织实例……………… 31

钩针棒针编织基础知识……157

（本书所用计量单位均为厘米）

手编饰品图

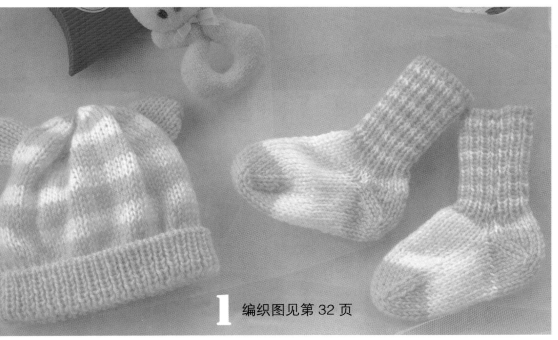

1 编织图见第 32 页

2 编织图见第 32 页

3 编织图见第 33 页

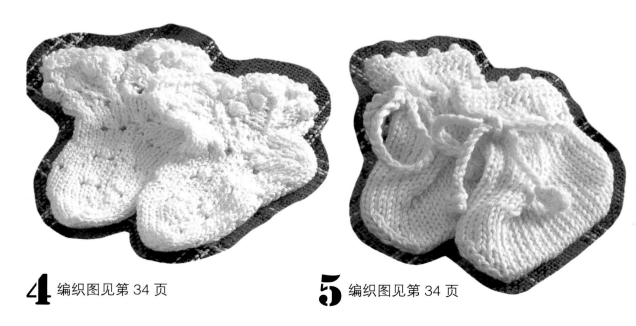

4 编织图见第 34 页　　**5** 编织图见第 34 页

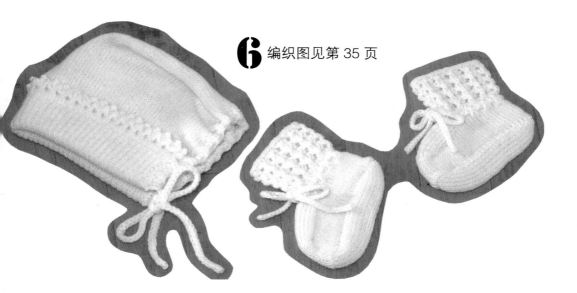

6 编织图见第 35 页

7 编织图见第 36 页

8 编织图见第 37 页

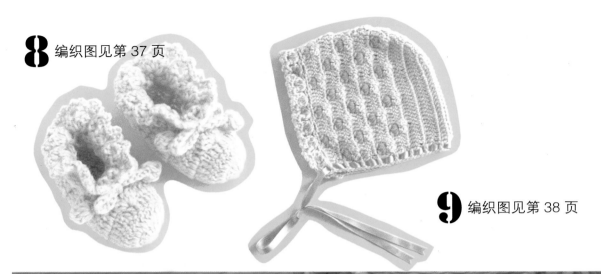

9 编织图见第 38 页

10 编织图见第 39 页

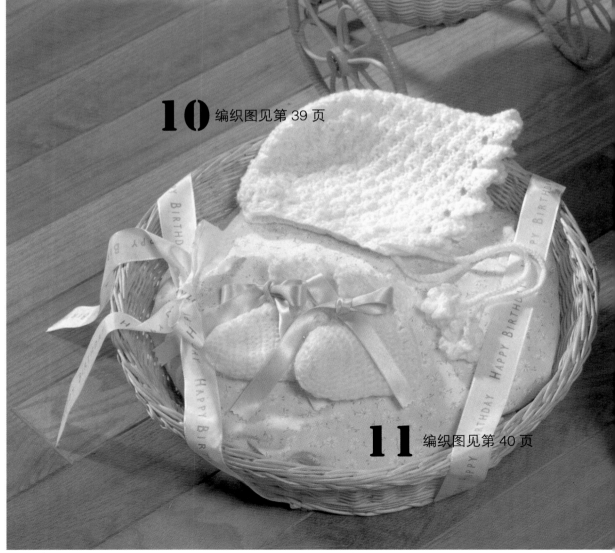

11 编织图见第 40 页

2 编织图见第 41 页

13 编织图见第 42 页

14 编织图见第 43 ～ 44 页

15 编织图见第 43 ～ 44 页

16 编织图见第 45 页

17 编织图见第46～47页

18 编织图见第48～49页

19 编织图见第50页

20 编织图见第51～53页

21

22 编织图见第55～57页

23 编织图见第58页

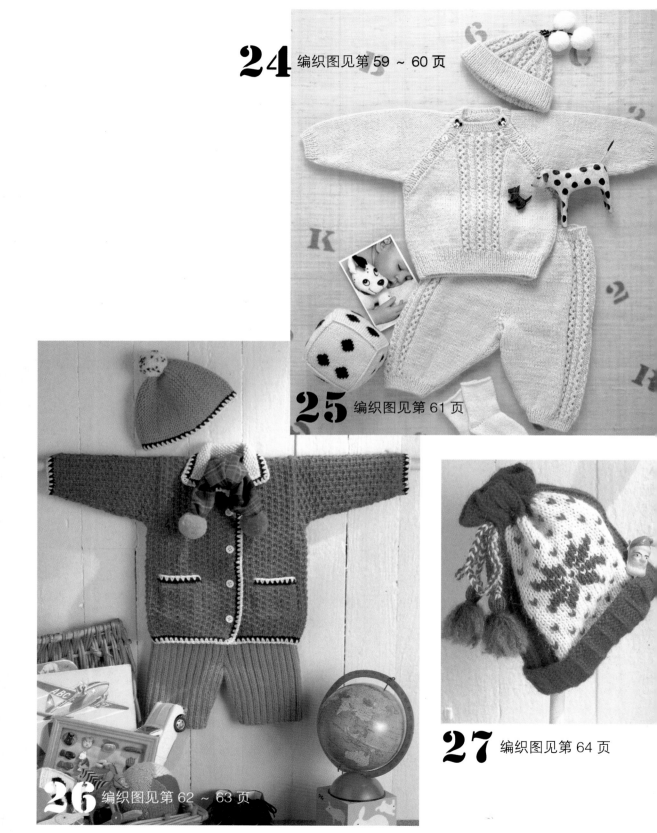

24 编织图见第 59 ~ 60 页

25 编织图见第 61 页

27 编织图见第 64 页

26 编织图见第 62 ~ 63 页

28 编织图见第 65 ~ 66 页

29 编织图见第 67 ~ 68 页

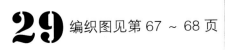

30 编织图见第 69 ~ 70 页

31 编织图见第 71 页

33 编织图见第 74 ～ 75 页

32 编织图见第 72 ～ 73 页

34 编织图见第 76 页

35 编织图见第 77 ～ 78 页

36 编织图见第 79 页

37 编织图见第 79 页

38 编织图见第 80 页

39 编织图见第 80 页

40 编织图见第 80 页

41 编织图见第 80 页

42 编织图见第 81 ～ 82 页

43 编织图见第 83 页
44 编织图见第 84 页
45 编织图见第 85 页
47 编织图见第 86 页
48 编织图见第 87 页

50

49

51

52

49 编织图见第 88 页

50 编织图见第 89 ~ 90 页

51 编织图见第 91 页

52 编织图见第 92 页

图解手编饰品大全

53

54

55

编织图见第 93 页
编织图见第 94 页
编织图见第 95 页
编织图见第 96 页
编织图见第 97 页

56

57

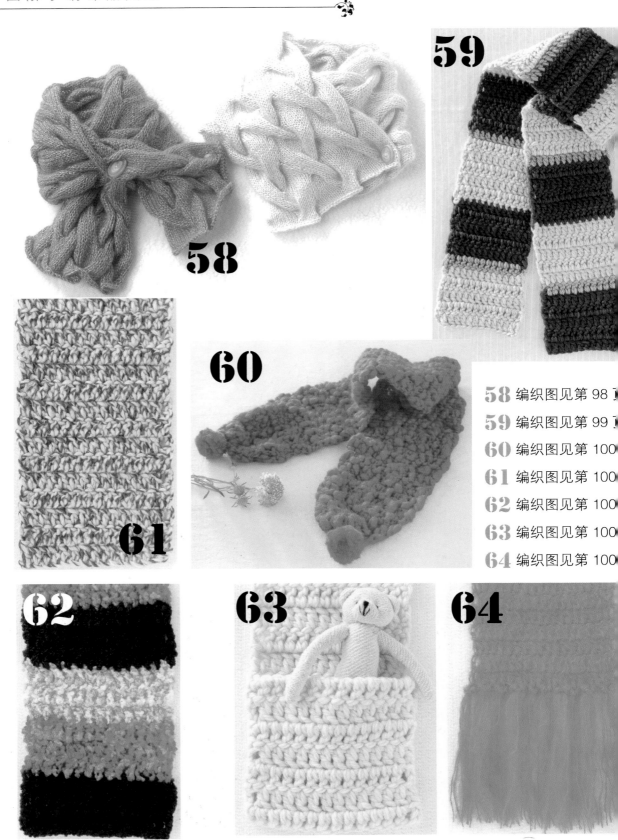

58 编织图见第 98 页

59 编织图见第 99 页

60 编织图见第 100

61 编织图见第 100

62 编织图见第 100

63 编织图见第 100

64 编织图见第 100

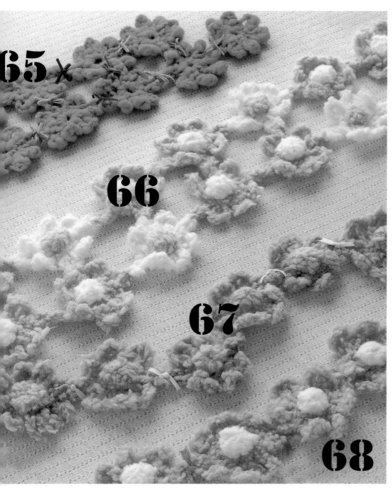

65 编织图见第 101 页
66 编织图见第 101 页
67 编织图见第 102 页
68 编织图见第 102 页

编织图见第 103 页　　**72** 编织图见第 106 页
编织图见第 104 页　　**73** 编织图见第 107 页
编织图见第 105 页　　**74** 编织图见第 108 页

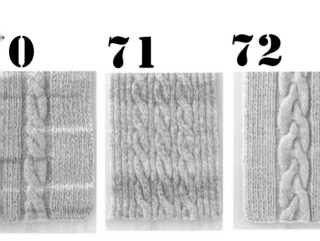

75 编织图见第 109 页

76 编织图见第 109 页

77 编织图见第 109 页

78 编织图见第 110 页

79

79 编织图见第 110 页

80 编织图见第 111 页

81 编织图见第 111 页

80

81

82 编织图见第 112 页

83 编织图见第 112 页

84 编织图见第 113 页

85 编织图见第 113 页

86 编织图见第 114 ~ 115 页

87 编织图见第 116 页

88 编织图见第 117 ～ 118 页

89 编织图见第 119 ～ 120 页

90 编织图见第 121 页

91 编织图见第 122 页

93 编织图见第 124 页

92 编织图见第 123 页

94 编织图见第 125 页

95 编织图见第 126 页

96 编织图见第 127 页

97 编织图见第 128 页

98 编织图见第 129 页

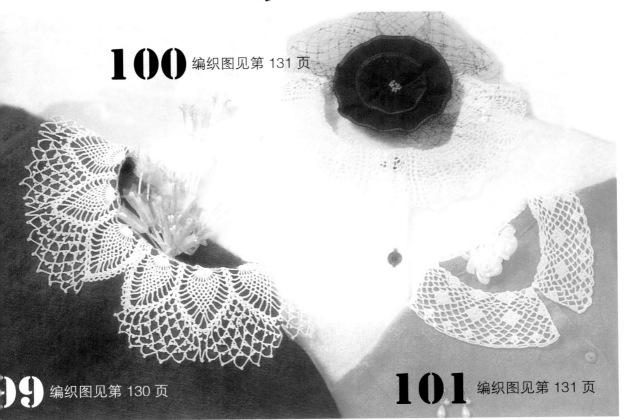

100 编织图见第 131 页

99 编织图见第 130 页

101 编织图见第 131 页

102 编织图见第 132 页

103 编织图见第 132 页

104 编织图见第 133 页

106 编织图见第 135 ～ 136 页

107 编织图见第 137 页

105 编织图见第 134 页

108 编织图见第 137 页

09 编织图见第 138 页

110 编织图见第 139 页

112 编织图见第 141 页

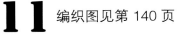

11 编织图见第 140 页

113

113 编织图见第 142 页
114 编织图见第 143 页
115 编织图见第 143 页
116 编织图见第 144 页

114 **115**

116

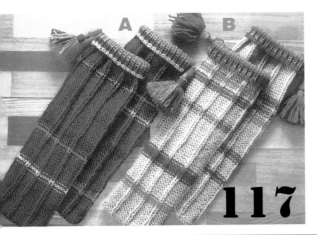

A **B**

117

119

118

117 编织图见第 145 页
118 编织图见第 146 页
119 编织图见第 147 页
120 编织图见第 148 页
121 编织图见第 148 页

120

121

122 编织图见第 149 页

123 编织图见第 150 ~ 151 页

124 编织图见第 150 ~ 151 页

125 编织图见第 152 ~ 153 页

126 编织图见第 154 ~ 155 页

127 编织图见第 156 页

123

124

125

A

B

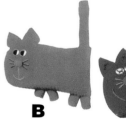

C

126

127

饰品编织实例

1·2

材料： 帽子，白色细线 15 克，粉红色细毛线 35 克。袜子，白色细线 15 克，天蓝色细毛线 15 克。

用具： 2 号、6 号棒针。

密度： 21 针 ×26 行＝ 10 厘米 ×10 厘米。

说明： 按图所示配色编织，帽子编织至最后收尾后，顶部可用毛线专用针收拢。

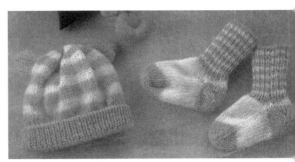

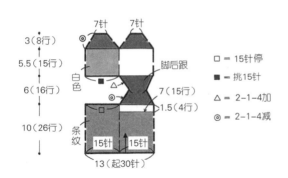

□ = 15针停
■ = 挑15针
△ = 2-1-4加
◎ = 2-1-4减

7针　7针
3（8行）
5.5（15行）
白色
6（16行）
脚后跟
7（15行）
1.5（4行）
10（26行）　条纹
15针　15针
13（起30针）

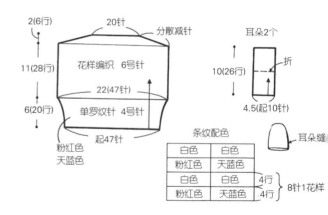

2(6行)　20针　分散减针
11(28行)　花样编织　6号针
22(47针)
6(20行)　单罗纹针　4号针
起47针
粉红色
天蓝色

耳朵2个
折
10(26行)
4.5(起10针)

耳朵缝

条纹配色

白色	白色
粉红色	天蓝色
白色	白色	4行
粉红色	天蓝色	4行

8针1花样

□=编织用白色
■=编织用色见表
▨=单罗纹针

条纹配色

粉红色	天蓝色	4
白色	白色	2行
粉红色	天蓝色	2行

4行1花样

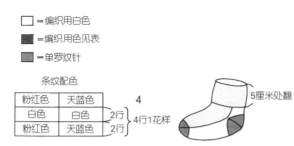

5厘米处翻

帽子收针方法

□ =
□ = 白色
2针1花样
6
1
28
□=□
5针1花样　起针处

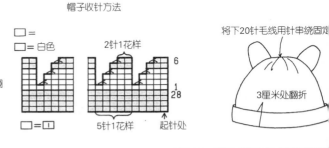

将下20针毛线用针串绕固定
3厘米处翻折

帽顶缝合方法

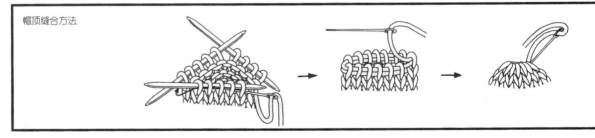

3

材料： 鞋，白色细毛线 40 克。帽子，白色细毛线 45 克，

用具： 7 号、4 号棒针。

密度： 20 针 ×28 行＝ 10 厘米 ×10 厘米。

说明： 鞋、帽按图所示编织后，将丝带串入鞋、帽指定部位，最后将绒球与丝带缝合在一起。

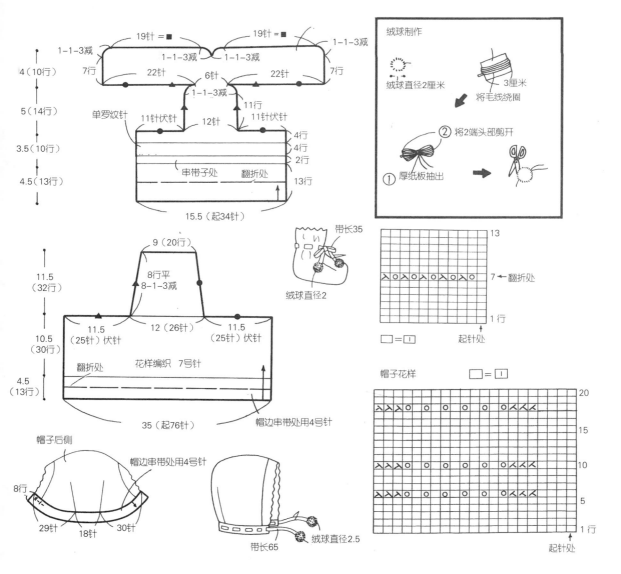

绒球制作

绒球直径2厘米

将毛线绕圈 3厘米

② 将2端头部剪开

① 厚纸板抽出

19针 ＝■

1-1-3减
1-1-3减 1-1-3减
4（10行）
7行 22针 6针 22针 7行
1-1-3减
5（14行）
单罗纹针 11针伏针 12针 11针伏针 11行
3.5（10行）
4行
4行
2行
串带子处 翻折处 13行
4.5（13行）

15.5（起34针）

□ ＝ │
λ O λ O λ O λ O λ O 7 ← 翻折处
起针处
13
1行

9（20行）
11.5（32行）
8行平
8-1-3减
带长35
绒球直径2
11.5 12（26针） 11.5
10.5（30行）
（25针）伏针 （25针）伏针
翻折处 花样编织 7号针
4.5（13行）

35（起76针） 帽边串带处用4号针

帽子后侧

8行
帽边串带处用4号针
29针 18针 30针
带长65 绒球直径2.5

帽子花样 □ ＝ │

λ λ λ O O O O O λ λ λ 20
15
λ λ λ O O O O O λ λ λ 10
5
λ λ λ O O O O O λ λ λ
起针处 1行

4

材料： 纯棉白色细毛线 30 克。

用具： 6 号棒针，4 号钩针。

密度： A 花样 23 针 ×26 行 = 10×10 厘米；
B 花样 23 针 ×30 行 = 10 厘米 ×10 厘米。

说明： 鞋按图所示编织后，在鞋帮边钩出枣形针作为装饰，最后再用钩针将鞋底与鞋帮钩缝在一起。

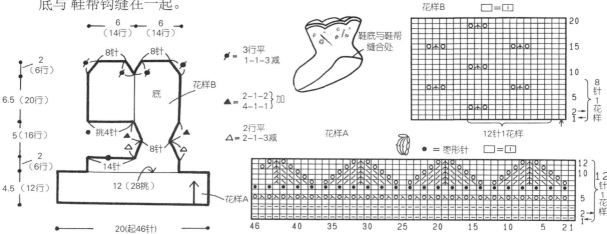

5

材料： 纯棉粉红色细毛线 30 克。

用具： 5 号棒针，6 号钩针。

密度： 24.5 针 ×30 行 = 10 厘米 ×10 厘米。

说明： 鞋按图所示编织好后，再钩两根鞋带。

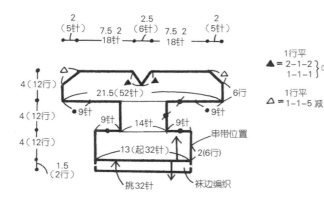

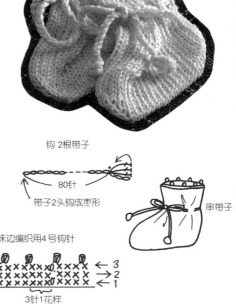

钩 2 根带子

80针

带子2头钩成枣形

袜边编织用4号钩针

3针1花样

6

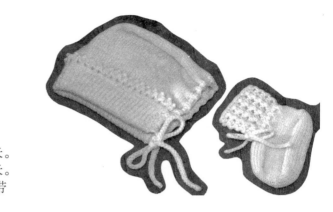

材料： 帽子，纯棉本白色细毛线 50 克。鞋，
纯棉本白色细毛线 30 克。

用具： 4 号棒针，5 号、3 号钩针。

密度： 帽 28 针 ×35.5 行 = 10 厘米 ×10 厘米。
鞋 26.5 针 ×39 行 = 10 厘米 ×10 厘米。

说明： 鞋按图所示编织好后，再钩两根鞋带
用 3 号钩针，一根帽带用 5 号钩针。

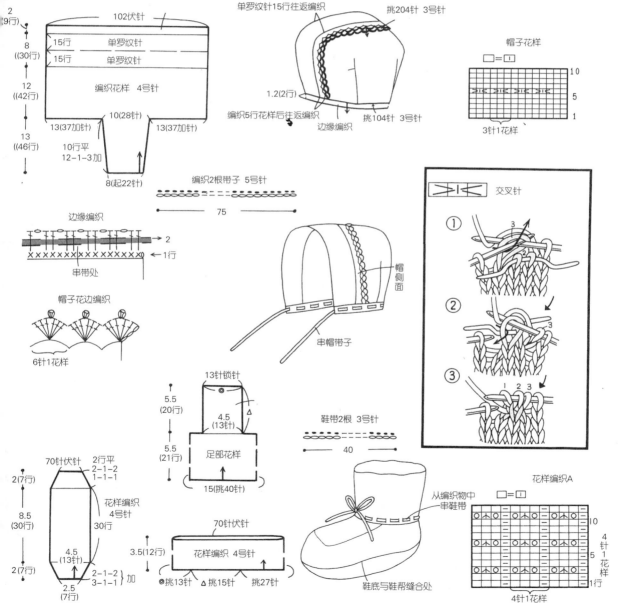

7

材料： 鞋，纯棉粉红色细毛线 45 克；帽子，
纯棉粉红色细毛线 50 克。

用具： 4 号棒针，3 号钩针。

密度： 帽 27.5 针 ×38 行＝ 10 厘米 ×10 厘米，
鞋 27.5 针 ×44 行＝ 10 厘米 ×10 厘米。

说明： 按图所示编织后，钩两根鞋带长各 60
厘米，一根帽带 100 厘米。

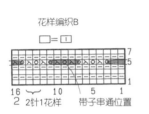

花样编织B

□＝ ① ②

7 5 1

16 10 5 1

2 2针1花样 带子串通位置

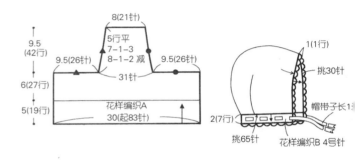

8(21针)

9.5
(42行)

5行平
7-1-3
8-1-2 减

9.5(26针) 9.5(26针)

31针

6(27行)

5(19行)

花样编织A

30(起83针)

1(1行)

挑30针

帽带子长1

2(7行)

挑65针 花样编织B 4号针

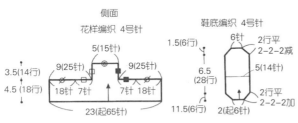

侧面
花样编织 4号针

5(15针)

3.5(14行)
9(25针) 9(25针)

4.5(18行)
18针 7针 7针 18针

23(起65针)

鞋底编织 4号针

1.5(6行)

6针 2行平
2-2-2减

6.5
(28行)

5(14针)

2行平

11.5(6行) 2-2-2加

2(起6针)

帽边花样

1花样 ←1行

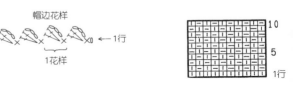

10

5

1行

帽子、鞋花样编织 A

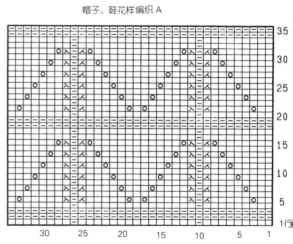

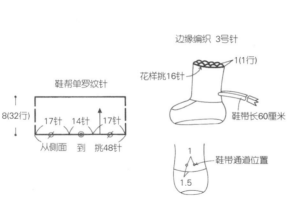

边缘编织 3号针

花样挑16针

1(1行)

鞋带长60厘米

鞋帮单罗纹针

8(32行)

17针 14针 17针

从侧面 到 挑48针

鞋带通道位置

1

1.5

8

材料： 纯棉粉红色细毛线 30 克。

用具： 5 号钩针。

密度： 21 针 ×10 行＝ 10 厘米 ×10 厘米。

说明： 按图所示编织后，钩两根鞋带。在钩带时首先钩一个球，然后接着钩出带子所需长度串在鞋帮后再钩另一头球。

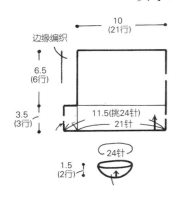

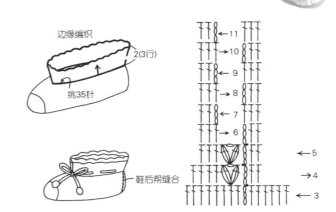

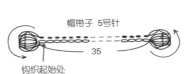

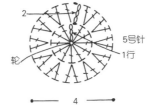

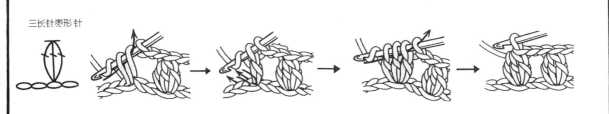

三长针枣形针

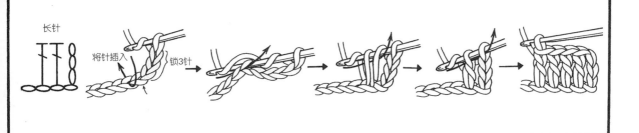

长针

9

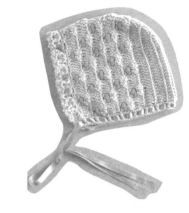

材料： 纯棉粉红色细毛线 50 克。

用具： 5 号钩针。

密度： 21 针 ×10 行＝ 10 厘米 ×10 厘米。

说明： 按图所示编织后，用一根 0.8 厘米宽，120 厘米长丝带串过帽边，作为收缩帽口用。

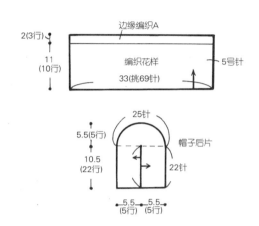

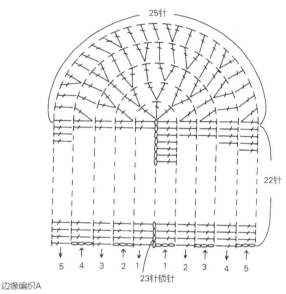

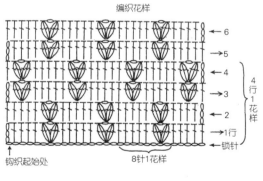

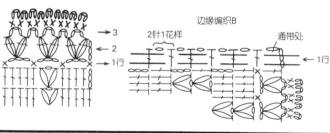

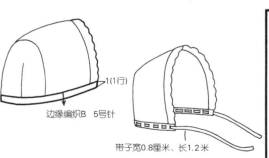

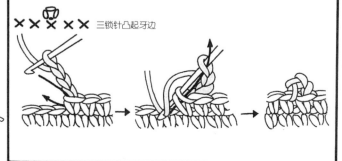

10

材料：纯棉本白色细毛线 50 克。
用具：5 号钩针。
密度：22 针 ×10.5 行＝ 10 厘米 ×10 厘米。
说明：按图所示钩织完帽体后，然后钩一
　　　根 80 厘米长帽带并串过帽边，最后
　　　将钩好的饰花与帽带连为一体。

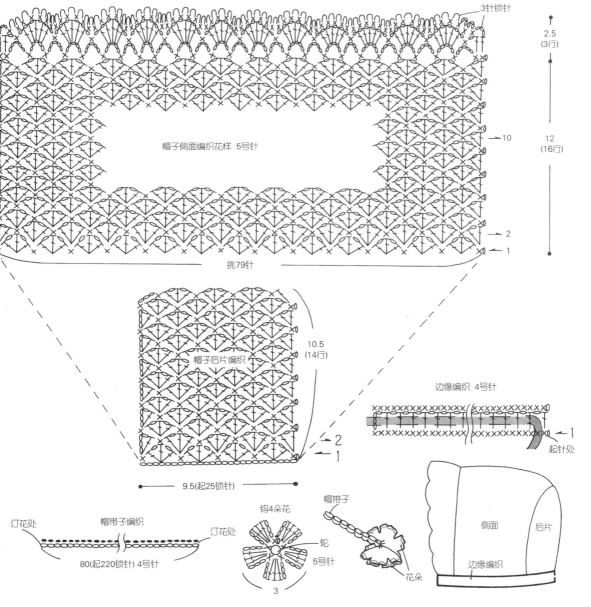

3针锁针

2.5
(3行)

帽子侧面编织花样 5号针

→ 10

12
(16行)

→ 2
→ 1

挑79针

10.5
(14行)

帽子后片编织

→ 2
→ 1

9.5(起25锁针)

边缘编织 4号针

→ 1

起针处

订花处　　帽带子编织　　订花处

80(起220锁针) 4号针

钩4朵花

轮
5号针

3

帽带子

花朵

侧面　后片

边缘编织

11

材料: 纯棉本白色细毛线 40 克。

用具: 4 号钩针。

密度: 26.5 针 ×13.5 行 = 10 厘米 ×
10 厘米。

说明: 按图所示钩织完鞋体后,然后
用两根宽 1.5 厘米、长 50 厘米
丝带作为鞋带。

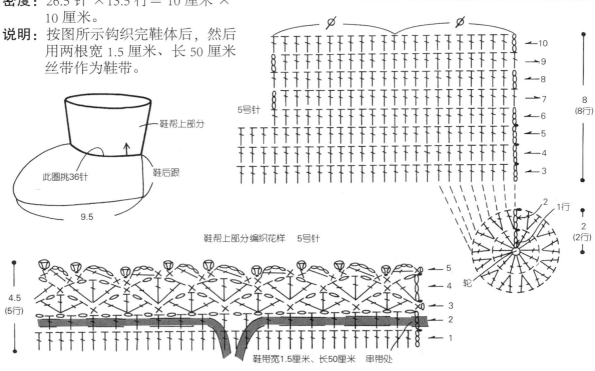

此圈挑36针

鞋帮上部分

鞋后跟

9.5

5号针

8
(8行)

2
(2行)

1行

轮

鞋帮上部分编织花样　5号针

4.5
(5行)

鞋带宽1.5厘米、长50厘米　串带处

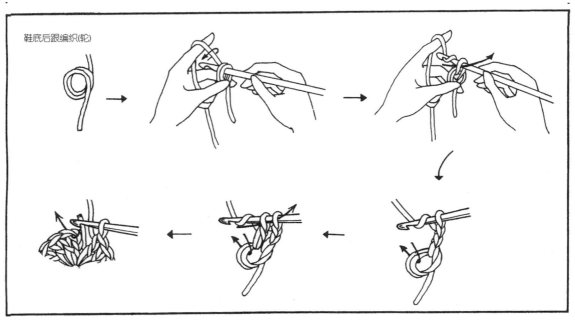

鞋底后跟编织(轮)

12

材料：（上装）本色细毛线 100 克，蓝绿色线、青蓝色线、浅黄色线各少许；（裤）本色细毛线 100 克，蓝绿色线、青蓝色线、浅黄色线各少许。

用具： 4 号、6 号棒针。

辅料： 纽扣 4 粒直径 1.5 厘米，松紧带宽 2 厘米，长 50 厘米。

密度： 22.5 针 ×30 行＝ 10 厘米 ×10 厘米。

说明： 按图所示编织，领、袖、门襟、下摆裤脚处编织单罗纹针，裤裆用毛线针缝合，松紧带装裤腰内侧。

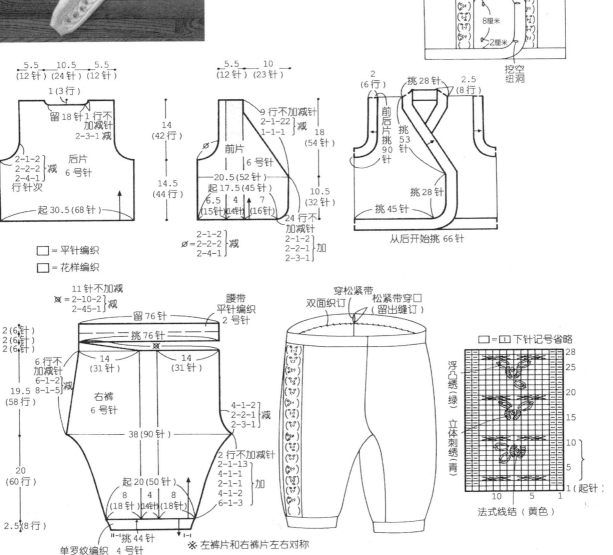

13

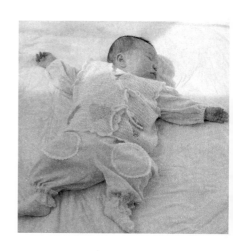

材料： 本色细毛线 90 克、粉红色线 10 克、
蓝绿色线 10 克、黄色线 10 克。

用具： 3 号钩针。

密度： 23.5 针 × 12.5 行 ＝ 10 厘米 × 10 厘米。

说明： 按图所示钩织并将 6 个心形图样也缝
合上，领、袖、门襟、下摆处钩边。

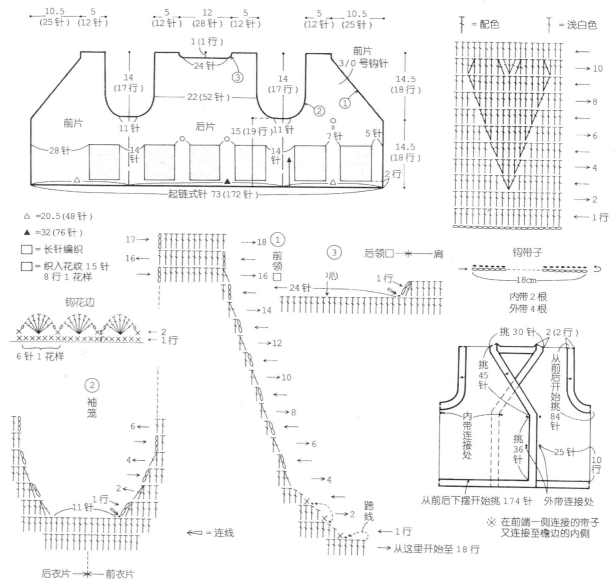

14·15

材料： 上装，奶黄色细毛线70克、咖啡色
　　　线40克、（连裤衫）奶黄色线70克、
　　　咖啡色线60克。
用具： 3号钩针。
密度： 26针×12行＝10厘米×10厘米。
说明： 两款毛衣按图所示钩织，领、门襟、
　　　下摆处连续钩边，肩与袖对齐钉缝，
　　　裤裆也选择缝合。

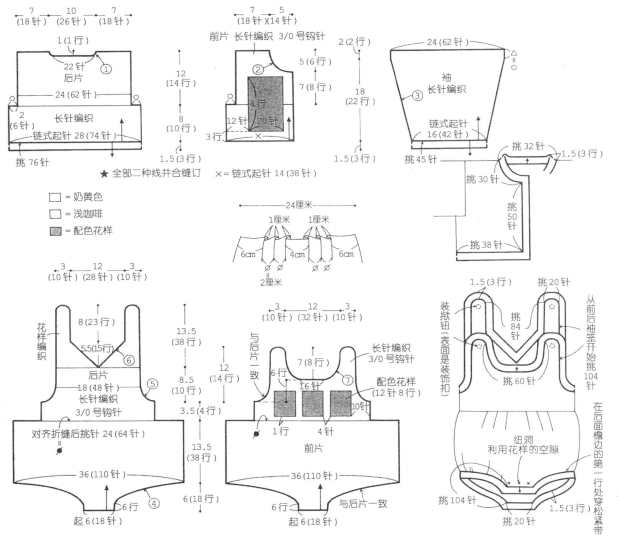

14·15

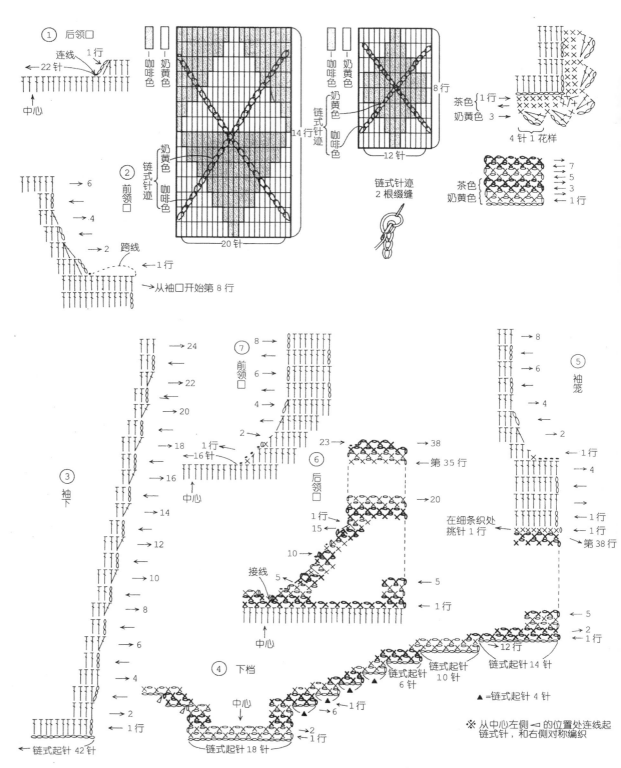

16

材料： 上衣，粉红色细毛线 160 克；短裤，粉红色细毛线 80 克。
用具： 4 号棒针、5 号钩针。
密度： 22.5 针 ×36 行＝ 10 厘米 ×10 厘米。
辅料： 上装 6 粒珠形纽扣直径 0.8 厘米，短裤松紧带 50 厘米长 1 根，纽扣直径 1.2 厘米共 3 粒。
说明： 两款毛衣按图所示编织，门襟处用重平编织，肩与袖对齐钉缝，短裤边用罗纹针编织，腰部处理将腰围向内折入包缝并穿入松紧带。

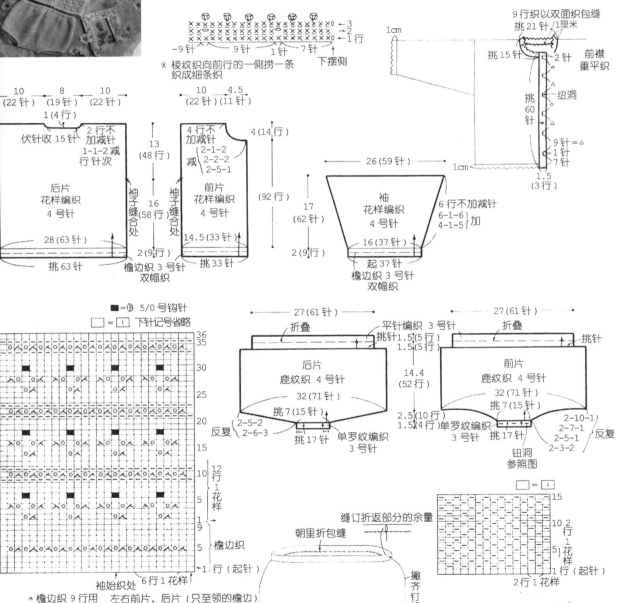

17

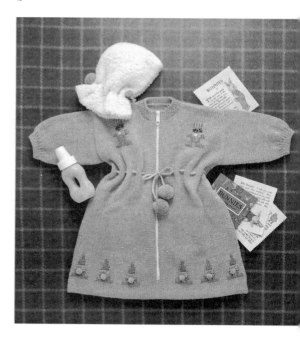

材料: 帽子,本白色毛线55克,浅蓝色毛线20克;
婴儿短大衣,米黄色毛线400克,浅蓝色
毛线50克,浅咖啡色毛线20克,本白色
毛线少许。

用具: 5号8号棒针,4号5号钩针。

尺寸: 胸围80厘米,衣长56厘米,袖长35厘米。

密度: 帽子,13针×23行=10厘米×10厘米;
婴儿短大衣,24针×30行=10厘米×
10厘米。

辅料: 纽扣(直径0.8厘米)2粒,蓝色小珠(直
径1.5厘米)13颗,拉链一根。

说明: 帽子,本白线2根成一股用8号棒针编织,
带子用4号钩针。婴儿短大衣,按图示编
织,领口、袖口采用罗纹针收口,拉链与
毛衣用锯齿缝缀,腰带用浅蓝色线起250
针,将腰带穿过毛衣后再将绒球连上。

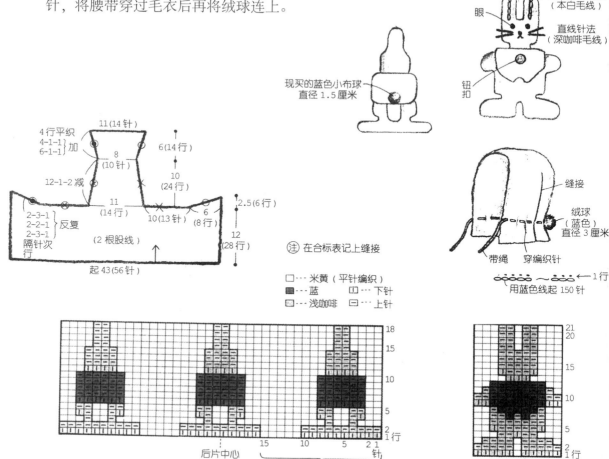

17

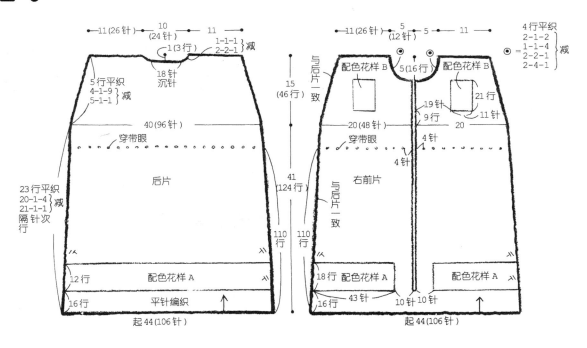

后片

• 11(26针) • 10(24针) • 11 •
1-1-1
2-2-1 减
1(3行)
18针 沉针
5行平织
4-1-9 减
5-1-1
40(96针)
穿带眼
15(46行)
23行平织
20-1-4 减
21-1-1
隔针次行
41(124行)
110行
12行 配色花样 A
16行 平针编织
起44(106针)

右前片

• 11(26针) • 5(12针) • 5 • 11 •
4行平织
2-1-2
1-1-4
2-2-1 减
2-4-1
配色花样 B 5(16行) 配色花样 B
19针 21行
9行 11针
20(48针) 20
4针
4针
与后片一致
穿带眼
110行
18行 配色花样 A
配色花样 A
16行
43针 10针 10针
起44(106针)

第110行
65 60 55 50 45 40 35 30 25 20 15 10 5 2 1 针
中心

第110行
48 45 40 35 30 25 20 15 10 5 2 1 针
前中心端

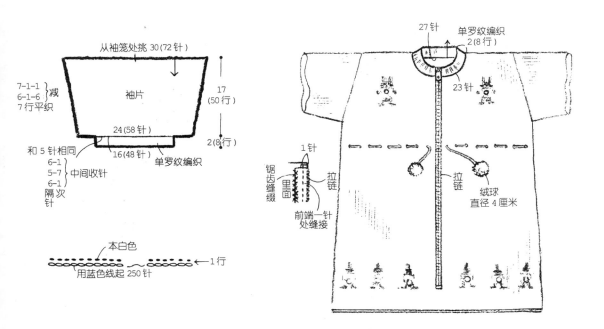

袖片

从袖笼处挑30(72针)
7-1-1
6-1-6 减
7行平织
17(50行)
24(58针)
和5针相同
6-1
5-7 中间收针
6-1
隔次针
16(48针)
单罗纹编织
2(8行)

本白色
1行
用蓝色线起250针

27针 单罗纹编织 2(8行)
23针
1针
锯齿缝缀
里面
拉链
拉链
绒球 直径4厘米
前端一针处缝接

47

18

材料：中粗纯羊毛线若干种，其中水蓝色
70 克，黄色 15 克，白色 10 克，浅
蓝色 50 克，浅咖啡色 20 克，本白
色少许。

用具：4 号钩针。

尺寸：胸围 64 厘米，衣长 25 厘米，背肩
宽 26 厘米。

密度：24 针 ×8 行＝ 10 厘米 ×10 厘米。

辅料：25 号刺绣线。

说明：袖口、领口、门禁、下摆处采用檐
边编织，注意领前带子是连同领口
一起钩的。

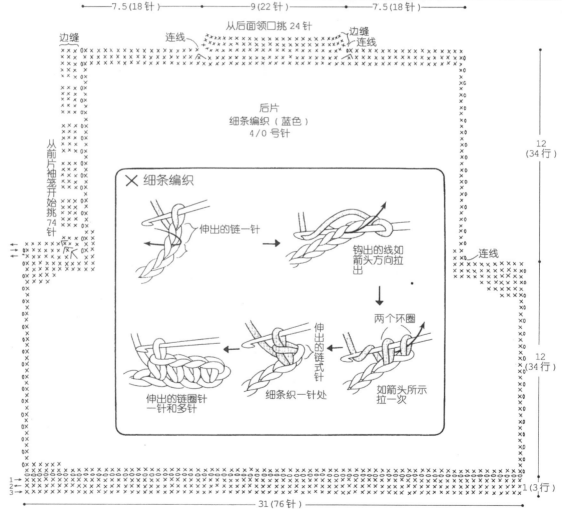

18

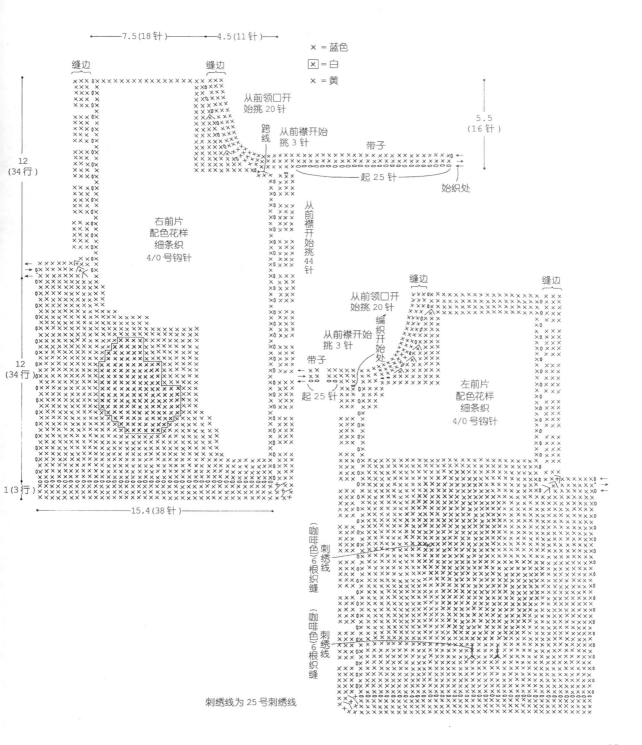

19

材料: 红色毛线 50 克,浅橙色 15 毛克,
用具: 3 号棒针。
尺寸: 头围 42 厘米,绒球直径 4.5 厘米。
说明: 按图示用鹿点纹编织,在帽顶收
针处将各线头绞绕后与绒球连接,
帽口采用单罗纹针编织。

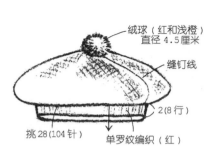

绒球(红和浅橙)
直径 4.5 厘米

缝钉线

2(8行)

单罗纹编织(红)

挑 28(104 针)

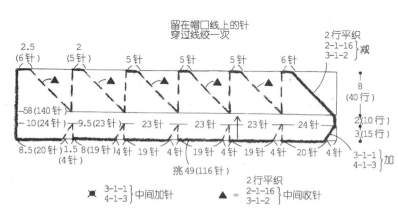

留在帽口线上的针
穿过线绞一次

2 行平织
2-1-16
3-1-2 } 减

2.5
(6针)　2
(5针)　5针　5针　5针　6针

8
(40行)

—58(140针)
—10(24针)　9.5(23针)　23针　23针　23针　24针

2(10行)
3(15行)

8.5(20针) 1.5
(4针)
8(19针) 4针　19针　4针　19针　4针　19针　4针　20针　4针

3-1-1
4-1-3 } 加

挑 49(116 针)

2 行平织

✖ 3-1-1
4-1-3 } 中间加针　　▲ = 2-1-16
3-1-2 } 中间收针

20

材料： 连衣裙，本白色棉纱线 140 克；帽子，
本白色棉纱线 30 克，本白色黏纱少许。

用具： 5 号棒针，3 号，4 号钩针。

尺寸： 背肩宽 24 厘米，衣长 34.5 厘米，头围
44 厘米，帽深 17 厘米。

密度： 23 针 ×31 行＝ 10 厘米 ×10 厘米。

说明： 连衣裙，按图示编织，下摆、袖口和
领口处织边檐，在背开襟处挖纽孔、
钉纽扣；用黏胶将花和叶装在领处。
帽子，用手指挂起针轮织，如图那样
收针编织，余针处穿编织。

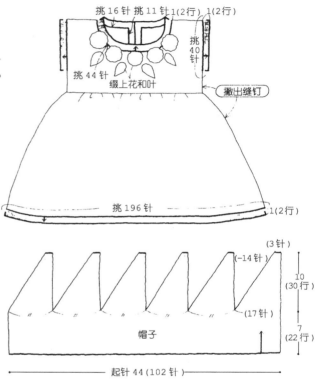

挑16针 挑11针 1(2行) 1(2行)
挑40针
挑44针 缀上花和叶
撤出缝钉
挑196针 1(2行)

(3针)
(-14针)
10(30行)
(17针)
帽子
7(22行)
起针 44(102针)

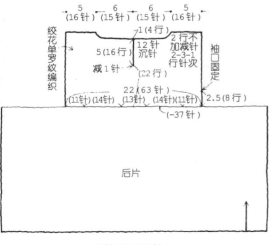

5(16针) 6(15针) 6(15针) 5(16针)
绞花单罗纹编织
1(4行)
2 行不加减针
12针沉针
减1针 (22行)
5(16行)
袖口固定
22(63针)
(11针)(14针)(13针)(14针)(11针)
(-37针)
2.5(8行)
12.5(42行)
21(66行)
后片
起针 43(100针)

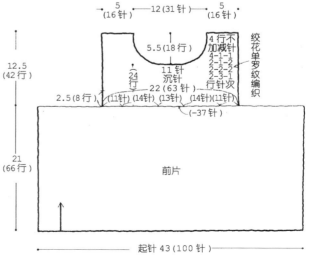

5(16针) 12(31针) 5(16针)
绞花单罗纹编织
4 行不加减针
5.5(18行)
4-1-1
2-2-2
2-1-1
行针次
11针沉针
24行
22(63针)
2.5(8行) (11针)(14针)(13针)(14针)(11针)
(-37针)
前片
起针 43(100针)

20

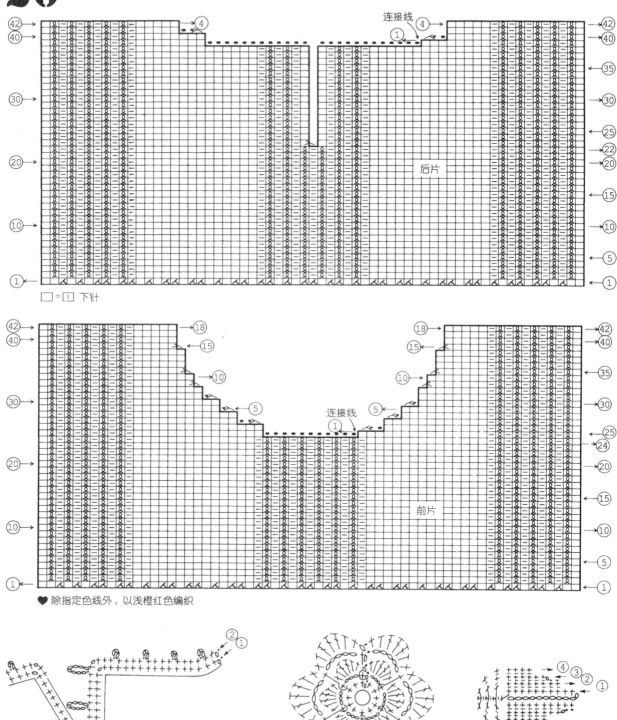

□ = □ 下针

♥ 除指定色线外，以浅橙红色编织

20

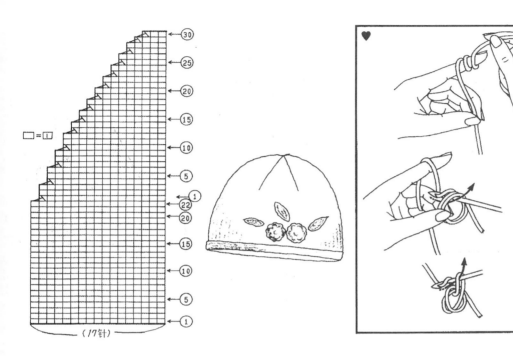

$\square = \boxed{1}$

（17针）

21

材料：棉线蓝色 80 克，白色 10 克。

用具：2 号 5 号棒针。

尺寸：胸围 58.5 厘米，背肩宽 27 厘米，衣长 28 厘米。

密度：24 针 ×32 行 = 10 厘米 ×10 厘米。

说明：按图示编织，下摆、领和门襟用罗纹针编织，袖笼以挑针轮织，左前片作针织刺绣，门襟处钉挖纽扣。

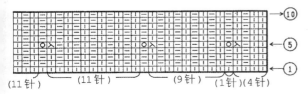

（11针）　　（11针）　　（9针）　（1针）（4针）

♥ 左前襟上挖扣眼

21

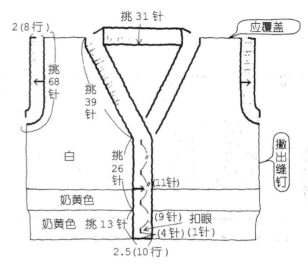

挑31针

应覆盖

2(8行)

挑68针

挑39针

白

挑26针

(11针)

撤出缝钉

奶黄色

奶黄色 挑13针

(9针)扣眼

(4针)(1针)

2.5(10行)

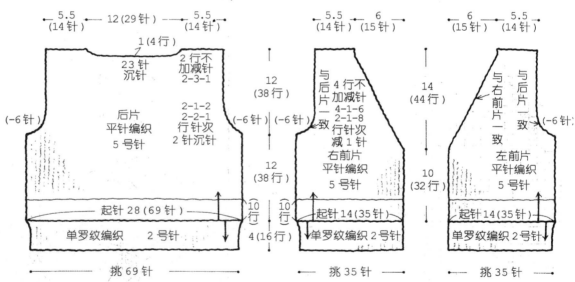

5.5(14针) — 12(29针) — 5.5(14针)

1(4行)

23针沉针

2行不加减针 2-3-1

后片 平针编织 5号针

2-1-2 2-2-1 行针次 2针沉针

(-6针)

12(38行)

(-6针) (-6针)

12(38行)

起针28(69针)

单罗纹编织 2号针

10行 10行

4(16行)

挑69针

5.5(14针) — 6(15针)

与后片一致

4行不加减针 4-1-6 2-1-8 行针次 减1针 右前片 平针编织 5号针

12(38行)

14(44行)

10(32行)

起针14(35针)

单罗纹编织2号针

挑35针

6(15针) — 5.5(14针)

与右前片一致

与后片一致

左前片 平针编织 5号针

(-6针)

起针14(35针)

单罗纹编织2号针

挑35针

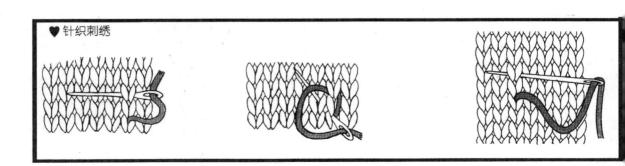

♥针织刺绣

22

材料：上衣，纯棉线本白色 130 克；裤子，纯棉线本白色 70 克。

辅料：纽扣（直径 1.5 厘米）4 粒、松紧带 1 根（宽 3 厘米、长 90 厘米）。

用具：5 号 6 号棒针。

尺寸：胸围 58 厘米，背肩宽 24 厘米，衣长 26.5 厘米，袖长 19.5 厘米，腰围 56 厘米，裤长 25 厘米。

密度：22 针 ×33 行 = 10 厘米 ×10 厘米。

说明：按图示编织，下摆、袖口用罗纹针编织，袖笼与身片缝订。门襟处挖出孔并钉纽扣。

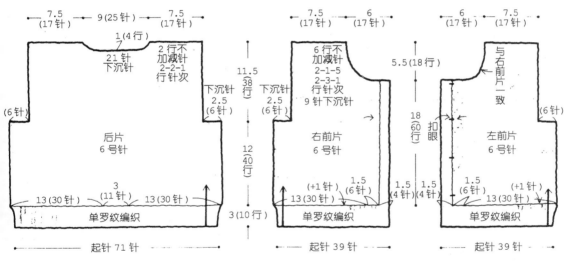

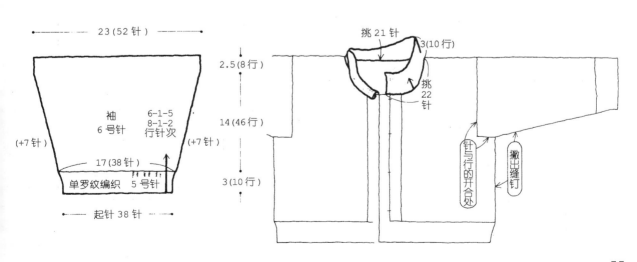

22

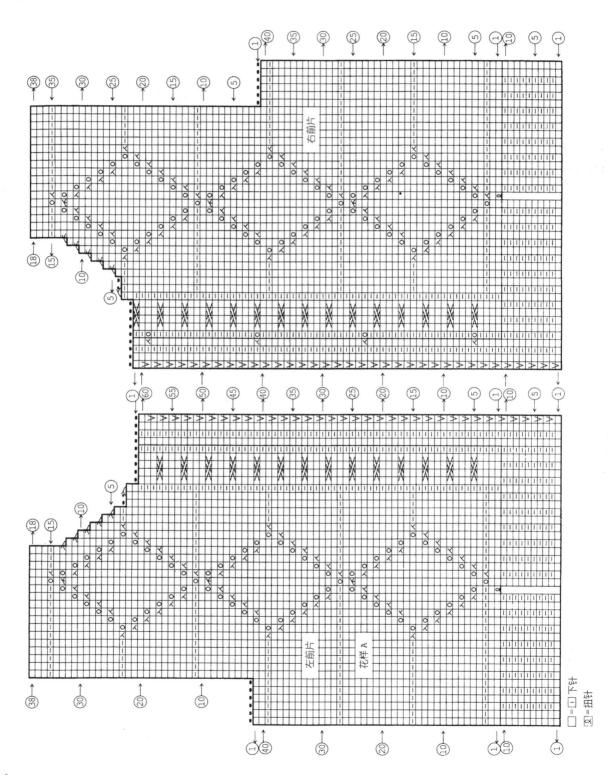

22

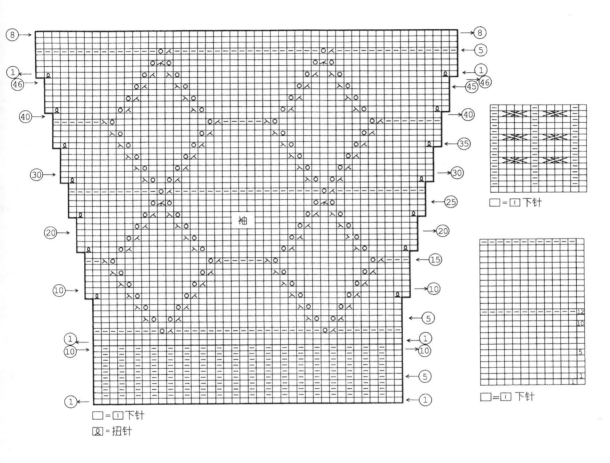

□=Ⅰ下针

□=Ⅰ下针

□=Ⅰ下针
回=扭针

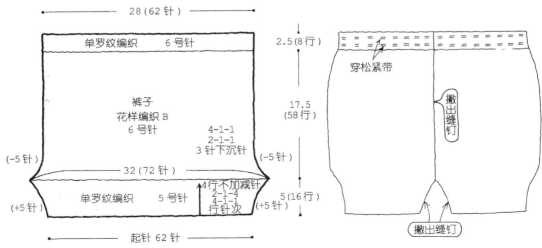

28(62针)

单罗纹编织　　6号针

2.5(8行)

裤子
花样编织 B
6号针　　　　　4-1-1
2-1-1
3针下沉针

17.5
(58行)

(-5针)　　　　　　　　　　　(-5针)

32(72针)

4行不加减针
2-1-4
4-1-1
行 针 次

5(16行)

(+5针)　单罗纹编织　　5号针　(+5针)

起针 62针

穿松紧带

撤出缝钉

撤出缝钉

23

材料： 本白色线 35 克，淡蓝色线少许。
辅料： 兔眼纽扣（直径 1.5 厘米）1 粒、肩纽
扣 1 粒、兔尾小绒球（直径 5 厘米）。
用具： 3 号棒针。
密度： 30 针 ×35 行 ＝ 10 厘米 ×10 厘米。
说明： 按图示编织，兔子图案采用提花编织。

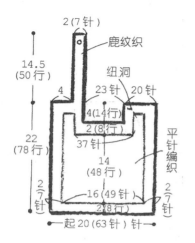

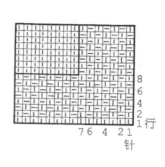

図 ＝针织绣（蓝灰色）

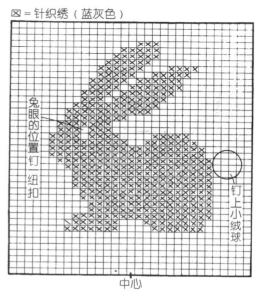

中心

24

材料： 上衣，本白色毛线178克；裤子，本白色毛线150克；帽子，本白色毛线50克；绒球用线，白色毛线70克，黑色少许。

辅料： 米老鼠纽扣2粒（也可用其他纽扣做装饰），纽扣（直径1.2厘米）6粒、松紧带1根（宽1.8厘米、长90厘米）。

用具： 3号4号5号6号棒针，4号钩针。

尺寸： 套衫，胸围62厘米，衣长32厘米，袖长34厘米，腰围56厘米；裤子，腰围52厘米，裤长36.5；帽子，头围45厘米。

密度： 21针×30行＝10厘米×10厘米。

说明： 按图示编织，主体花样用5号棒针，袖为插肩袖，左右对称编织，袖笼线上袖线的收针从端边的第2和第3针开始。领口、袖口、下摆和裤脚处均用单罗纹针，用3号棒针编织。裤腰里侧，用丝线波形锁织，穿松紧带。帽子，帽子主体花样用5号棒针编织。帽子翻边用4号棒针织单罗纹。单罗纹因从表面翻折，所以，闭口针要朝里缝钉。

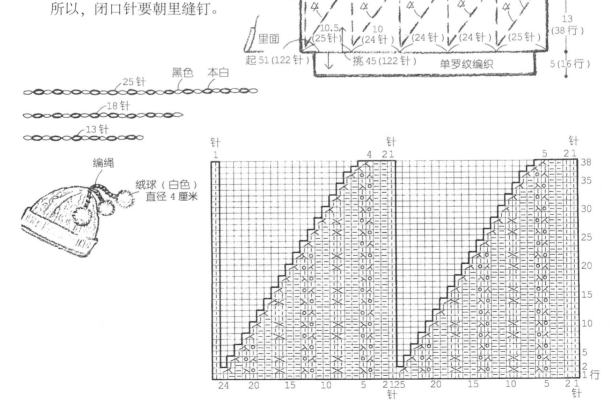

24

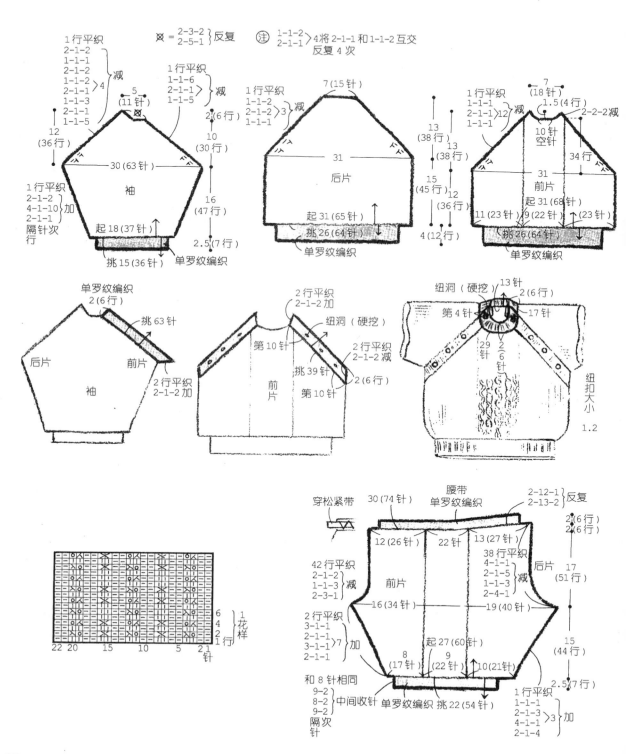

25

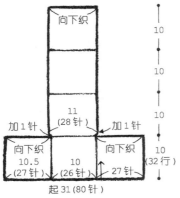

材料：本白色毛线60克，黑色线少许。
用具：5号棒针。
说明：六面体（单面10厘米×10厘米）。
说明：按图示编织，花样采用提花式方法，最后用钩针勾连。

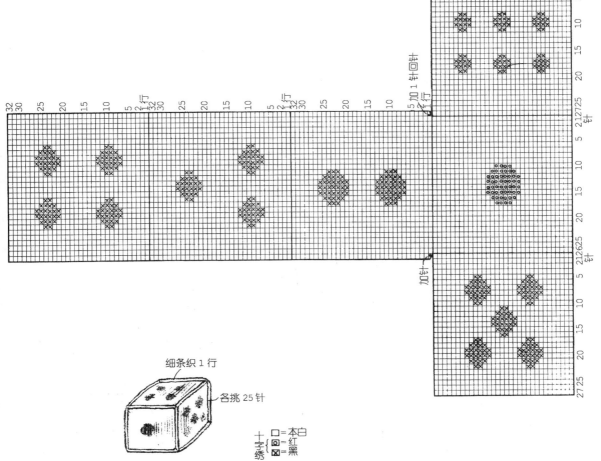

□ = 本白
回 = 红黑
⊠ = 黑
十字绣

26

材料： 上衣，深茶色毛线 240 克，本白毛线
　　　　30 克，黑色毛线少许；裤子，浅茶色
　　　　毛线 180 克；帽子，浅茶色毛线 40 克，
　　　　本白毛线 20 克，黑色毛线少许。

辅料： 纽扣（直径 1.5 厘米）5 粒、松紧带 1 根
　　　　（宽 1.8 厘米、长 52 厘米）。

用具： 4 号 5 号 6 号棒针，5 号钩针。

尺寸： 短外衣，胸围 60 厘米，衣长 33.5 厘米，
　　　　袖长 31.5 厘米；裤子，腰围 50 厘米，
　　　　裤长 30 厘米。

密度： 花样编织 19 针 ×36 行 = 10 厘米 ×10
　　　　厘米，双罗纹针 30 针 ×30 行 = 10 厘
　　　　米 ×10 厘米，双反面编针 20 针 ×40
　　　　行 = 10 厘米 ×10 厘米。

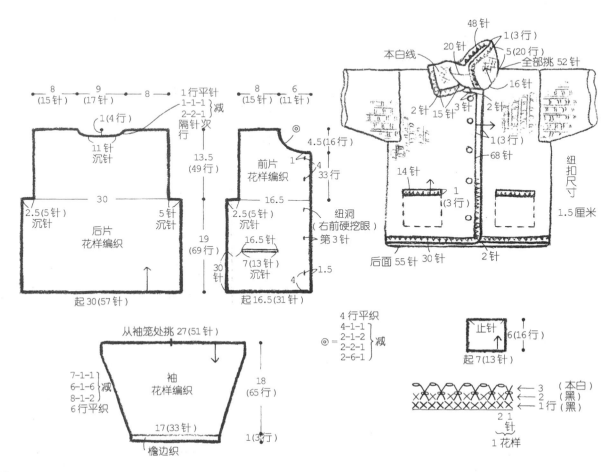

26

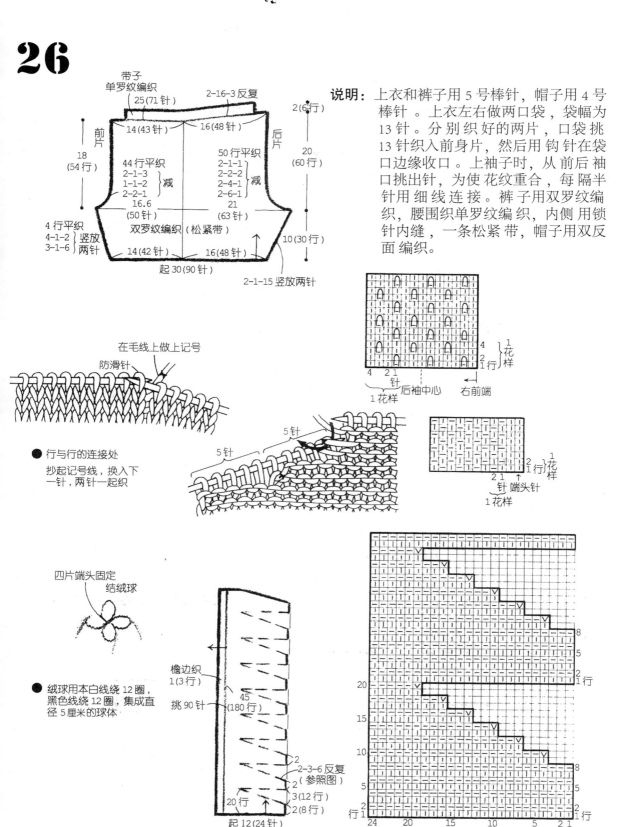

说明：上衣和裤子用 5 号棒针，帽子用 4 号棒针 。上衣左右做两口袋，袋幅为 13 针。分别织好的两片，口袋挑 13 针织入前身片，然后用钩针在袋口边缘收口。上袖子时，从前后袖口挑出针，为使花纹重合，每隔半针用细线连接。裤子用双罗纹编织，腰围织单罗纹编织，内侧用锁针内缝，一条松紧带，帽子用双反面编织。

带子
单罗纹编织
25(71针)
2-16-3反复
2(6行)
14(43针)   16(48针)
前片   后片
18   50行平织   20
(54行)   44行平织   2-1-1   (60行)
2-1-3   2-2-2
1-1-2 减 2-4-1 减
2-2-1   2-6-1
16.6   21
(50针)   (63针)
4 行平织   双罗纹编织（松紧带）
4-1-2 竖放
3-1-6 两针   14(42针)   16(48针)   10(30行)
起30(90针)
2-1-15竖放两针

● 行与行的连接处
抄起记号线，换入下一针，两针一起织

在毛线上做上记号
防滑针

5针
5针

4
2 花
1行 样
1花样
4 2 1
针
1花样   后袖中心   右前端

2
1行 花样
2 1
针 端头针
1花样

四片端头固定
结绒球

● 绒球用本白线绕 12 圈，黑色线绕 12 圈，集成直径 5 厘米的球体

檐边织
1(3行)
挑90针   45
(180行)

2
2-3-6反复
2 （参照图）
3(12行)
20行   2(8行)
起12(24针)

8
2
1行

20   8
5
15   2
1行
10
1 2 5   10   15   20   24
24   20   15   10   5   2 1

27

材料：红色毛线 50 克，本白色毛线 15 克，
灰色毛线 10 克。

用具：5 号棒针。

密度：26 针 ×30 行＝ 10 厘米 ×10 厘米。

说明：按图示编织，织成长方形状，将帽
口用钩织细带穿好收口并用流苏连
接带的两头。

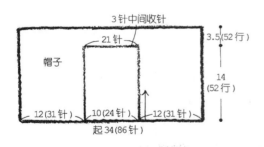

3 针中间收针

21 针

帽子

3.5(52 行)

14
(52 行)

12(31 针)　10(24 针)　12(31 针)

起 34(86 针)

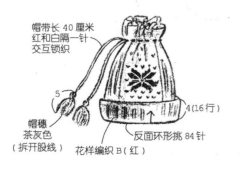

帽带长 40 厘米
红和白隔一针
交互锁织

5

帽穗
茶灰色
（拆开股线）

花样编织 B（红）

反面环形挑 84 针

4(16 行)

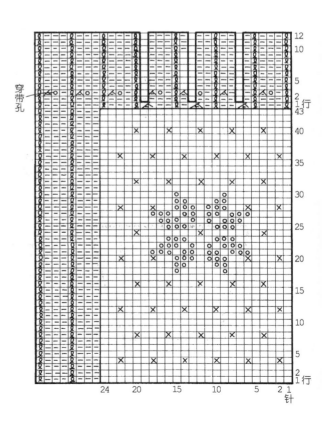

穿带孔

28

材料： 连裤衣，红色毛线 380 克，本白毛线
10 克；帽子，本白毛线 50 克、红色
毛线少许；独指手套，本白毛线 25 克、
红色毛线少许；鞋，本白毛线 30 克，
红色毛线少许，白色绣线少许。

辅料： 纽扣（直径 1.3 厘米）12 粒。松紧带
（32 厘米长，1 厘米宽）。

用具： 4 号 5 号棒针，钩针。

密度： 连裤衣，针织编织，22 针 ×28 行＝
10 厘米 ×10 厘米；帽子，罗纹编织，
33 针 ×32 行＝ 10 厘米 ×10 厘米。

尺寸： 胸围 60 厘米，衣长（从肩开始）57.5
厘米，袖长 37.5 厘米。

说明： 衣服用 5 号棒针、钩针，帽子和手套
用 4 号棒针、钩针，手套用 4 号棒针、
钩针，鞋用钩针。衣服的右前边第二
行挑针于第一行的外侧，内侧织 3 段
细带，在后面缝合。

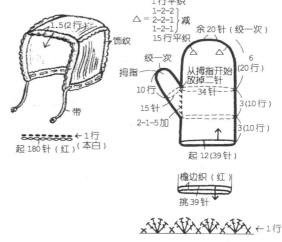

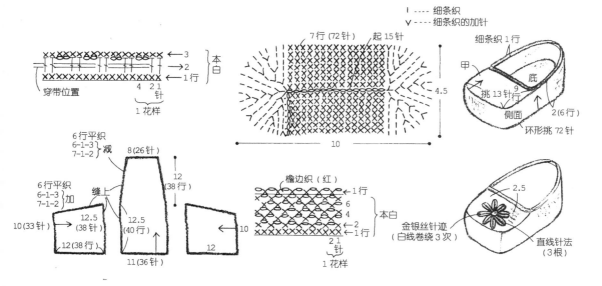

28

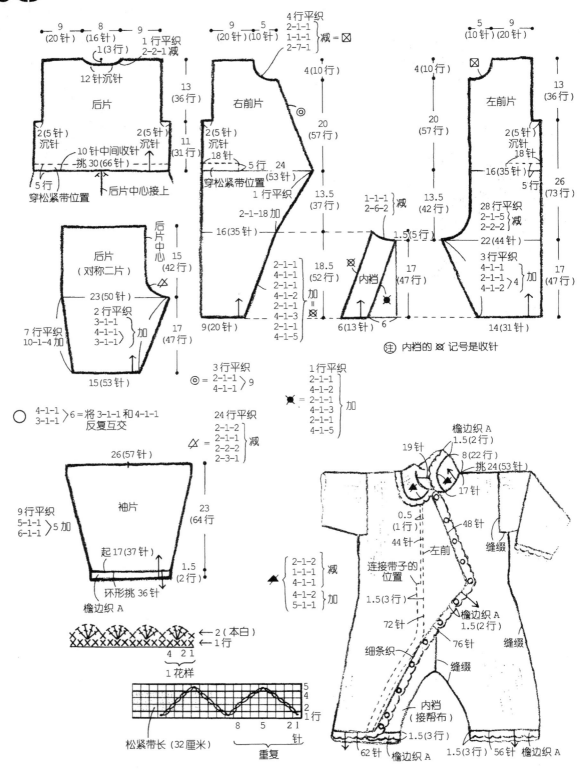

29

材料： 中粗棉腈线，粉色 250 克。

用具： 5 号棒针、4 号钩针。

尺寸： 胸围 58 厘米，衣长 59.5 厘米，袖长 18 厘米。

密度： 22 针 ×29 行＝ 10 厘米 ×10 厘米。

说明： 按 图 示 编 织，衣 袖 片 缝 合 后，领 口、前门襟、袖口和下摆处另钩针织花边。

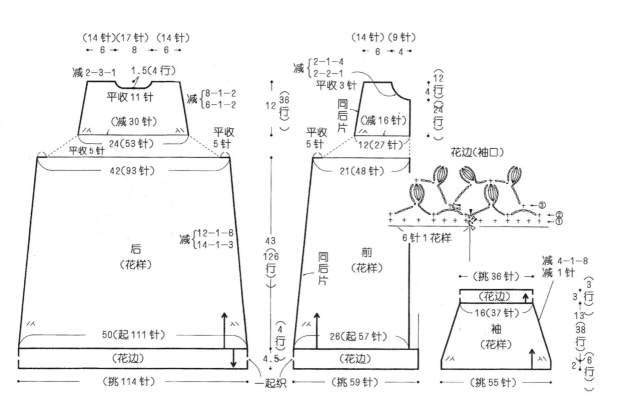

29

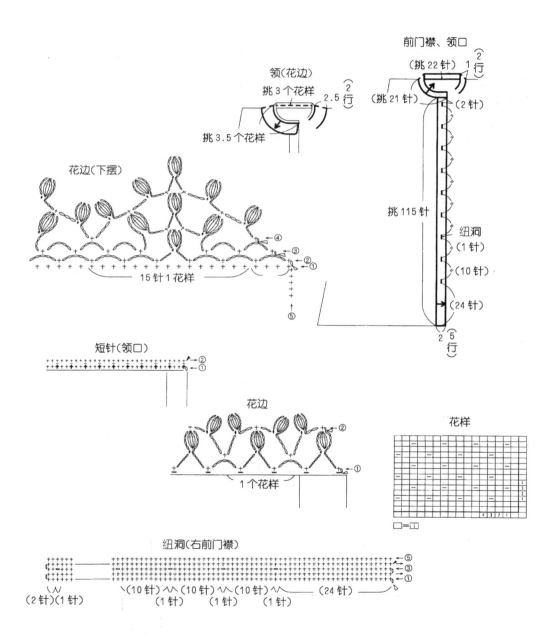

前门襟、领口

领（花边）

挑3个花样

挑3.5个花样

（挑22针）

（挑21针）

（2针）

2.5行

挑115针

纽洞

（1针）

（10针）

（24针）

2 5行

花边（下摆）

15针1花样

短针（领口）

花边

1个花样

花样

□=□

纽洞（右前门襟）

（2针）（1针）　（10针）　（10针）　（10针）　（24针）

（1针）　（1针）　（1针）

30

材料: 短上衣, 3股线的浅橙色毛线100克, 红色毛线40克; 背带裤, 红色毛线180克。

辅料: 钮扣(直径1厘米)4粒。

用具: 3号棒针, 3号钩针。

尺寸: 短上衣, 胸围60厘米, 衣长25厘米, 袖长29.5厘米; 背带裤, 腰围52厘米, 裤长36厘米。

密度: 平针编织29针×36行=10厘米×10厘米, 鹿点花纹针织24针×50行=10厘米×10厘米, 单罗纹织38针×40行=10厘米×10厘米。

说明: 短上衣, 是用两种色线织入花样, 一边从反面引线连接, 一边拉紧, 使织物伸缩均匀, 领口钩一根带作纽襻用; 背带裤, 用上下针编织, 腰部用单罗纹针编织, 再将各片和背带缝合而成。

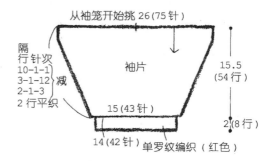

从袖笼开始挑26(75针)

隔行针次
10-1-1
3-1-12 减
2-1-3
2行平织

袖片

15.5(54行)

2(8行)

15(43针)

14(42针) 单罗纹编织(红色)

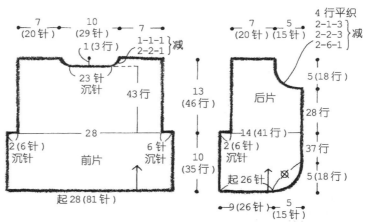

7(20针)　10(29针)　7
1(3行)
1-1-1
2-2-1 减

23针
沉针

43行

28

13(46行)

2(6针)沉针　前片　6针沉针

10(35行)

起28(81针)

7(20针)　5(15针)
4行平织
2-1-3
2-2-3 减
2-6-1

5(18行)

后片

28行

14(41行)
2(6针)沉针

37行

起26针

5(18行)

9(26针)　5(15针)

⊠ = 2-1-3
1-1-12 加

←1行

起20针

做成条带在中心固定

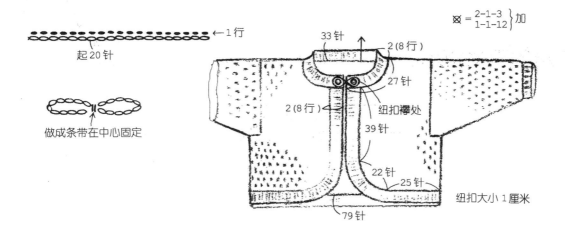

33针
2(8行)
27针

2(8行)

纽扣襻处

39针

22针

25针

79针

纽扣大小1厘米

30

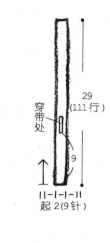

穿带处

29
(111行)

9

起2(9针)

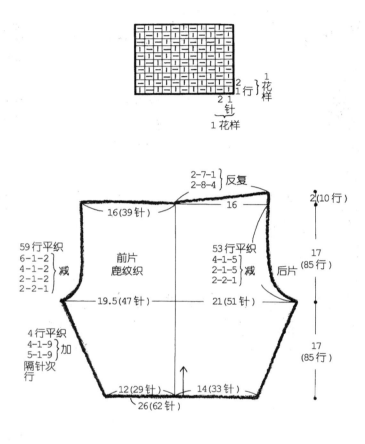

2-7-1
2-8-4 反复

16(39针)   16   2(10行)

59行平织   53行平织
6-1-2   前片   4-1-5   后片   17
4-1-2 减 鹿纹织 2-1-5 减   (85行)
2-1-2   2-2-1
2-2-1

19.5(47针)   21(51针)

4行平织
4-1-9 加
5-1-9 隔针次
行   17
(85行)

12(29针)   14(33针)

26(62针)

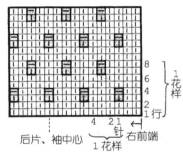

8
6   1
4   花
2   样
2 1行
4 2 1
针
后片、袖中心   右前端
1花样

□ = 浅橙色
□ = 红色

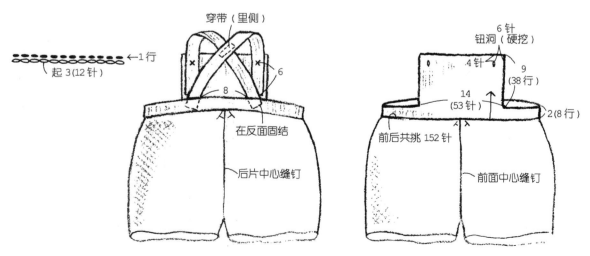

穿带（里侧）

←1行

起3(12针)

6

8

在反面固结

后片中心缝钉

6针
钮洞（硬挖）

4针
9
(38行)

14
(53针)

2(8行)

前后共挑 152针

前面中心缝钉

31

材料： 本白罗纹粗纱线 40 克，刺绣用线，粉红和浅绿色各少许。

辅料： 纽扣（直径 0.8 厘米）2 粒。

用具： 钩针。

说明： 从鞋底开始编织，锁 18 针。鞋底中心起始针如图示那样一圈一圈绕编，中间来回编织至 9 行，在第 10 行处，牵伸编织连至侧面，图示甲处和鞋口处编入，鞋带左右对称地编织。刺绣蔷薇花。

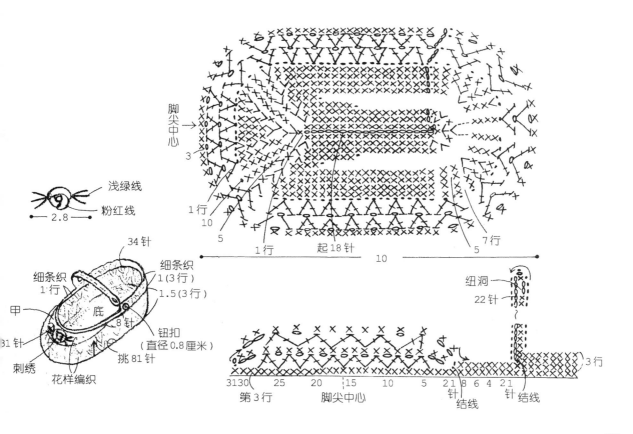

浅绿线
粉红线
— 2.8 —

34针
细条织 1 行
细条织 1(3行)
1.5(3行)
甲
底
8针
钮扣（直径0.8厘米）
31针
挑81针
刺绣
花样编织

脚尖中心
3
1行
10
5
1行　起18针
5　7行
10

纽洞
22针
3行

3130　25　20　15　10　5　21 8 6 4 21
第3行　脚尖中心　针结线　针结线

32

材料： 背心，本白色毛线和黄毛线各 50 克，
裤子，本白色毛线 160 克。

辅料： 钮扣（直径 1.2 厘米）6 粒，松紧带（长
50 厘米，宽 1.8 厘米）。

用具： 4 号 5 号棒针，5 号钩针。

尺寸： 背心，胸围 56 厘米， 衣长 28 厘米，
袖长 29.5 厘米；裤子，腰围 48 厘米，
裤长 34 厘米。

密度： 背心 26 针 ×34 行＝ 10×10 厘米，裤
子 3 2 针 ×32 行＝ 10 厘米 ×10 厘米、
单罗纹织 38 针 ×40 行＝ 10 厘米 ×10
厘米。

说明： 背心和裤子用 5 号棒针， 毛球用 4 号
棒针编织。前后片连续编织， 然后用
松针法把 139 针作起始针， 纹样片织
至 34 行后，前后分别织完。下摆拆开
起始钉做挑针单罗纹针织 16 行，肩缝、
领口、 前襟、 袖口用一针罗纹收口，
在左前襟的第 4 行处开纽扣眼。 裤子
注意 后立裆的贴边处比前面织长 2 厘
米， 腰围织单罗纹针内侧如图示用锁
编（5 号钩针），通钩松紧带。

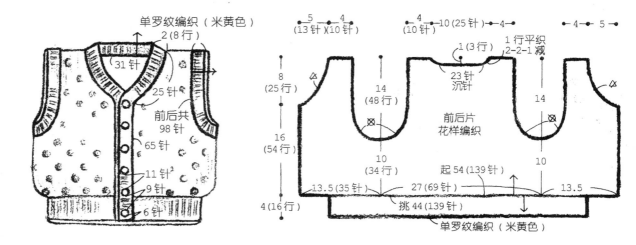

32

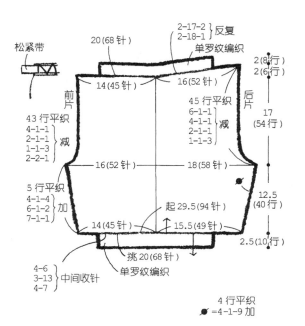

松紧带

20 (68 针)

2-17-2
2-18-1 } 反复

单罗纹编织

前片　后片

14 (45 针)　16 (52 针)

2 (8 行)
2 (6 行)

43 行平织
4-1-1
2-1-1
1-1-3
2-2-1 } 减

45 行平织
6-1-1
4-1-1
2-1-1
1-1-3 } 减

17
(54 行)

16 (52 针)　18 (58 针)

5 行平织
4-1-4
6-1-2
7-1-1 } 加

12.5
(40 行)

起 29.5 (94 针)

14 (45 针)　15.5 (49 针)

2.5 (10 行)

挑 20 (68 针)
单罗纹编织

4-6
3-13
4-7 } 中间收针

4 行平织
●=4-1-9 加

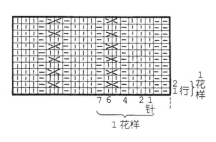

7 6　4　2 1
针
1 花样

1
花样
2 行
1 行

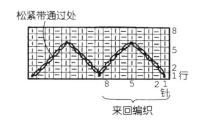

松紧带通过处

8
6
5
2 行
1 行

8　5　2 1
针

来回编织

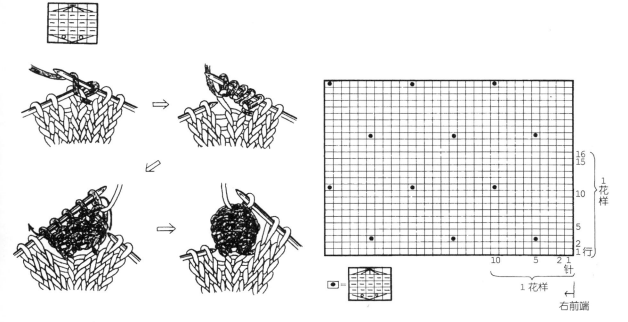

●=

16
15

10

5

2
1 行

1
花样

10　　5　2 1
针
1 花样

右前端

33

材料：绿色、紫色、粉红色、红色、象牙色细毛绒线编织 A 款式，绿、红、紫、深绿、象牙色细毛线编织B款式，腈纶棉线少许。

说明：按图示尺寸间色钩织短针针法，靴的两侧分别织出心形或桃形图案，缝成袋形后填入棉花，最后用针缝绒球装饰。

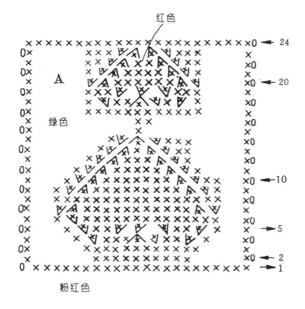

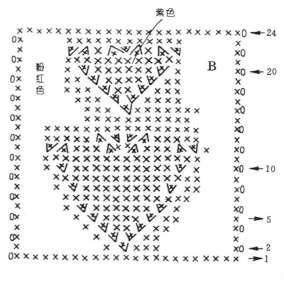

33

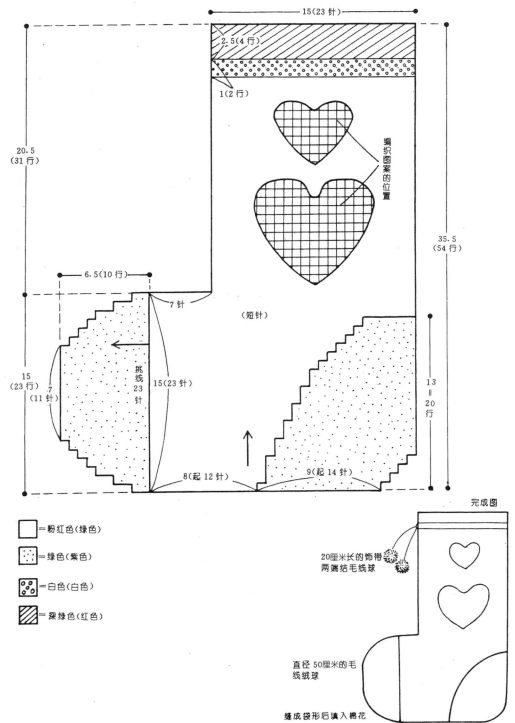

15（23针）

2.5（4行）

1（2行）

20.5
（31行）

编织图案的位置

35.5
（54行）

6.5（10行）

7针

（短针）

15
（23行）

挑线
23
针

15（23针）

13
＝
20
行

7
（11针）

8（起12针）

9（起14针）

□ =粉红色（绿色）

▦ =绿色（紫色）

▨ =白色（白色）

▨ =深绿色（红色）

完成图

20厘米长的饰带
两端结毛线球

直径50厘米的毛
线绒球

缝成袋形后填入棉花

34

材料： 橘红色粗毛线 330 克，黄色粗毛线 50 克，翠绿色 20×20 平方厘米的呢料 1 块，10×10 厘米的白色、黑色、蓝色和红色呢料 1 块。棉花 170 克。

用具： 直径 4 毫米的钩针 1 支。

密度： 13 针 ×16 行，约 10 平方厘米。

尺寸： 宽 25.5 厘米，高 37 厘米。

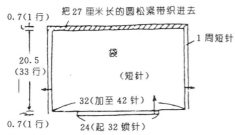

把 27 厘米长的圆松紧带织进去

0.7（1 行）

20.5（33 行）

1 周短针

袋

（短针）

32（加至 42 针）

0.7（1 行）

24（起 32 锁针）

手和脚 （短针）

18（29 行）

4（6 行）

18（29 行）

减至 13 针

加至 20 针

装入 25 克棉花

起 13 锁针圆钩

耳朵（短针）
2 片

15.5（25 行）

11.5（15 针）

→25
→24
→22
→20
→18
→16
→14
→12
→10
→8
→6
→4
→2
→1 行

起 3 锁针

外围钩 1 周短针

完成图

9

脸部装入 60 克棉花

装入 25 克棉花

身体装入 85 克棉花

袋

呢子的裁法

2

鼻

脸颊

（2 片）

嘴

（2 片）

12（16 针）

2.5

0.5

3

1.5 2 2

用短针织 1 周

0.7（1 行）

5（8 行）

10（16 行）

20.5（33 行）

0.7（1 行）

12（16 针）

1—1—8

头

24（起 32 锁针）

钩织 1 周短针

35

材料： 衣，本白毛线 380 克；帽子，本白毛线 380 克； 刺绣用线，浅桃色 30 克，浅绿色 30 克。

用具： 3 号 5 号棒针，2 号 3 号钩针。

尺寸： 胸围 49 厘米，衣长 63 厘米，袖长 26.5 厘米。

密度： 针织 28 针×40 行＝10 厘米×10 厘米，双反面编织 38 针×48 行＝10 厘米×10 厘米，帽子，26 针×34 行＝10 厘米×10 厘米。

说明： 按图示编织，衣用 4 号棒针、2 号钩针；帽子用 3 号棒针、2 号钩针。衣身片起针不松针，至腋下减针至 187 行，第 188 行处左右腋下，余下 108 针减针至 90 针。后片，5 针的话，在第 6 和第 7 针处，每两针减一针，共减 7 次；4 针的话，在第 5 针和第 6 针处，减针 5 次，第 6 和 7 针处减针 6 次加 5 针结完。袖从肩缝以后，从行开始挑出针来编织，但行数多少要均等分开，跳行挑针。下摆的花饰，前饰细编 3 行，右前处第 2 行加锁一针的扣眼，前后身片的花样部分作如图的衣褶。做领子时，在指定位置绣上蔷薇花形。

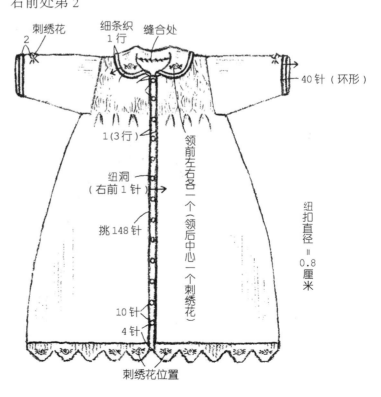

刺绣花
2

细条织
1 行

缝合处

40 针（环形）

1(3行)

领前左右各一个（领后中心一个刺绣花）

纽洞
（右前 1 针）

挑148 针

纽扣直径＝0.8 厘米

10 针

4 针

刺绣花位置

35

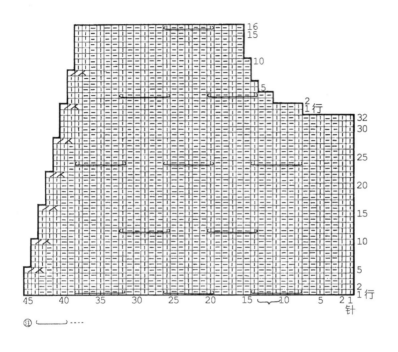

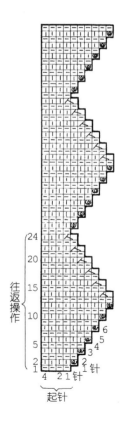

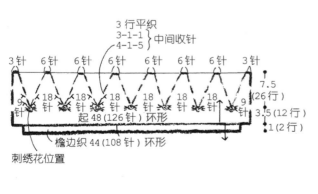

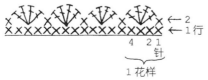

36

材料： 红茶色细毛线35克，
本白色细毛线35克。

用具： 8号钩针，毛线缝针。

说明： 根据图示钩织，首先用本白色毛线起钩帽顶，然后用红茶色毛线边钩边放针，此后钩5行白色、5行红茶色，重复钩织即可，具体放针方法见表。

加针	各行针数	行数
一	6	1
6	12	2
6	18	3
6	24	4
6	30	5
6	36	6
0	36	7
6	42	8
6	48	9
0	48	10
6	54	11
6	60	12
0	60	13
6	66	14
0	66	15
6	72	16
0	72	17
6	78	18
0	78	19~35
0	78	36

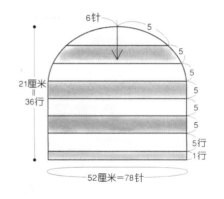

6针
5
5
5
5
5
5
5行
1行
21厘米
36行
52厘米＝78针

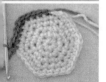

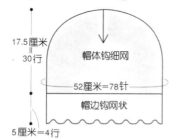

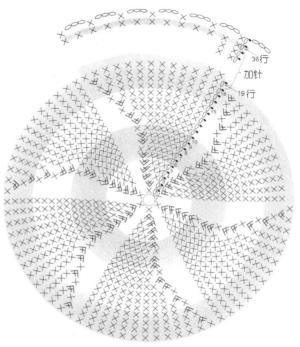

36行
加针
19行

17.5厘米
30行
帽体钩细网
52厘米＝78针
帽边钩网状
5厘米＝4行

帽体钩细网
←4
←3
←2
←1
←30行
帽边钩网状

37

材料： 浅骆驼色细毛线70克。

用具： 8号钩针，毛线缝针。

说明： 根据图示钩织，首先起针从帽顶开始，然后边钩边放针，钩至30行等于17.5厘米，帽子放至78针等于52厘米，最后钩4行花边等于5厘米。

38

材料： 材料：咖啡色细毛线70克。
用具： 8号钩针，毛线缝针。
说明： 根据图示钩织，首先起钩帽顶，然后边钩边放针，钩至帽环52厘米，帽高为21厘米。

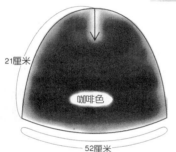

21厘米

咖啡色

52厘米

39

材料： 深蓝色细毛线40克，本白色细毛线40克。
用具： 8号钩针，毛线缝针。
说明： 根据图示钩织，首先用深蓝色毛线起钩帽顶，然后用本白色毛线边钩边放针，此后钩6行深蓝色、6行本白色，重复钩织即可，钩至帽环52厘米，帽高为21厘米。

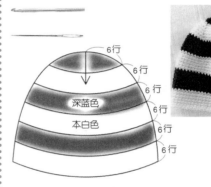

6行
6行
6行
深蓝色
6行
本白色
6行
6行

40

材料： 深茶色细毛线70克，浅驼色细毛线5克。
用具： 8号钩针，毛线缝针。
说明： 根据图示钩织，首先起钩帽顶，然后边钩边放针，钩至帽环52厘米时再钩花边收针，帽高为21厘米。

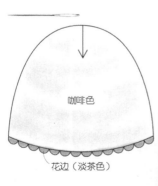

咖啡色

花边（淡茶色）

41

材料： 浅驼色细毛线60克，咖啡色细毛线少许。
用具： 8号钩针，毛线缝针。
说明： 根据图示钩织，首先起钩帽顶，然后边钩边放针，钩至32行时加入咖啡色1行、浅驼色1行再重复一次后收边，帽高为21厘米。

32厘米

淡茶色

淡茶色　咖啡色
各1行

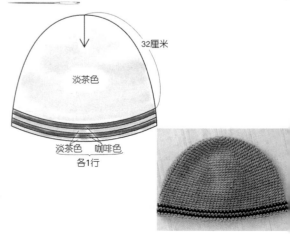

42

材料： 细毛线驼色、玫瑰色线各 60 克，黑色加银丝混合毛线 30 克。

用具： 6 号钩针。

密度： 20 针 ×16 行 = 10 厘米 ×10 厘米。

说明： 根据图示钩织，首先用驼色、或玫瑰色钩帽顶至 10 行边钩边放，然后用黑色加银丝混合毛线钩 18 行，此后边钩边放钩 11 行至 168 针等于 76 厘米。

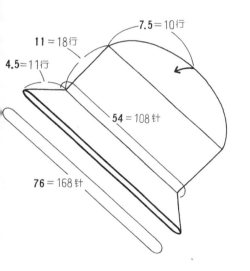

7.5 = 10行
11 = 18行
4.5 = 11行
54 = 108针
76 = 168针

帽冠部位（行数、针数）

行数	针数	增减针数
10	108 针	加减次数
9	108 针	加21针
8	87 针	加减次数
7	87 针	加21针
6	66 针	加减次数
5	66 针	加22针
4	44 针	加减次数
3	44 针	加22针
2	22 针	加减次数
1	22 针	

行数	针数	增减针数
8 ~15	168 针	加减次数
7	168 针	加24针
3 ~6	144 针	加减次数
2	144 针	加36针
1	108 针	加减次数

正面　长针

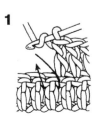

1

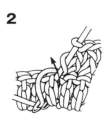

2

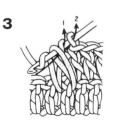

3

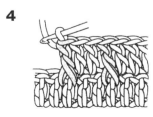

4

42

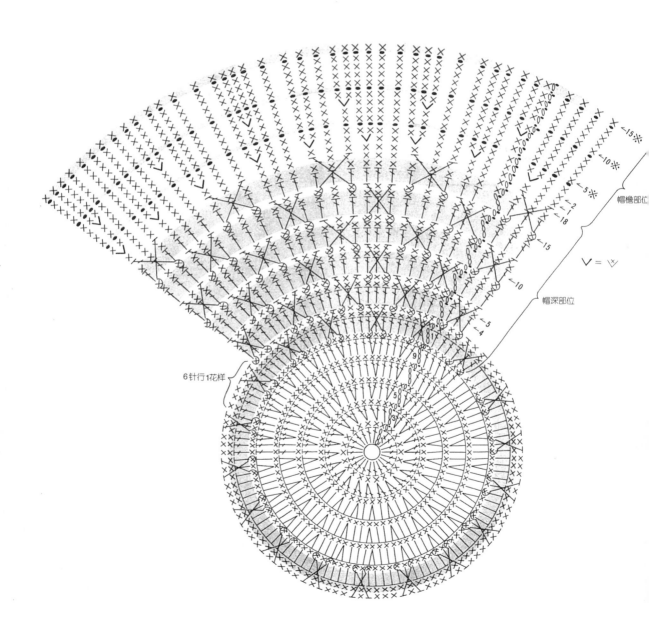

43

单罗纹花样

33.5厘米
=
72行

44 厘米=120针

材料：深绿色毛线 130 克。
用具： 环形棒针，毛衣缝针。
说明：根据图示编织，首先采用 环 形棒针编织单罗纹针，编织帽环 72 行 等 于 33.5 厘米，帽高 120 针等于 44 厘米，最 后 将 帽顶用毛衣缝针串缝收口即可。

 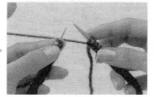  

44

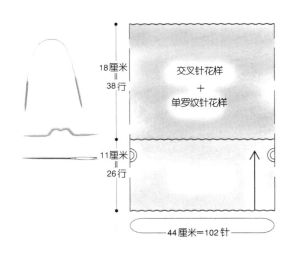

交叉针花样
+
单罗纹针花样

18厘米
=38行

11厘米
=26行

44厘米=102针

下针右上
= 3针交叉针

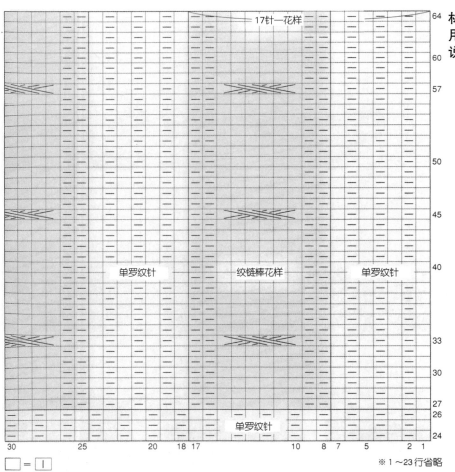

64
60
57
50
45
40
33
30
27
26
24

17针一花样

单罗纹针　　绞链棒花样　　单罗纹针

单罗纹针

30　　25　　20　18　17　　10　8　7　5　2　1

□ = |

※1～23行省略

材料：本白色毛线 100 克

用具：环形棒针，毛衣缝针

说明：根据图示编织，首先
采用环形棒针编织单
罗纹针帽子的反边，
再用绞链棒花样编织
帽体，帽 环编织 10
针等于 44 厘米，帽
高 64 行等于 29 厘米，
最后将帽顶用毛衣缝
针串缝收口即可。

45

材料： 浅驼色毛线 70 克，红茶色毛线 80 克。

用具： 环形棒针，毛衣缝针。

说明： 根据图示编织，首先采用环形棒针编织单罗纹针帽体，每 6 行换色，帽环编织 44 针等于 120 厘米，帽高 84 行等于 33.5 厘米，然后后将帽顶用毛衣缝针串缝收口，最后将直径 9 厘米绒球固定在帽顶上即可。

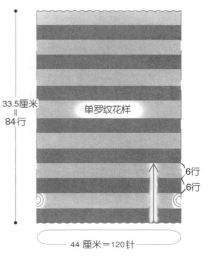

33.5厘米 = 84行

单罗纹花样

6行
6行

44 厘米＝120针

47

☒ = 刺绣符号

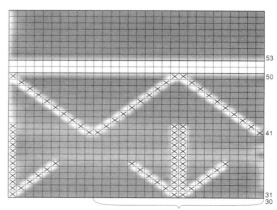

20针1花样刺绣

材料： 深灰色毛线 120 克，本白色毛线 40 克。

用具： 环形棒针，毛衣缝针。

说明： 根据图示编织，首先采用环形棒针编织单罗
纹针至 20 行加入本白色 2 行，然后编织帽
边时再次用本白色织 4 行收边，帽体用本白
色毛线根据图示刺绣， 帽 环 编 织 120 针等
于 44 厘米，编织帽高 72 行 等 于 33.5 厘米，
最后用毛衣针将帽顶收紧，再将直径 9 厘米
绒球固定在帽顶上即可。

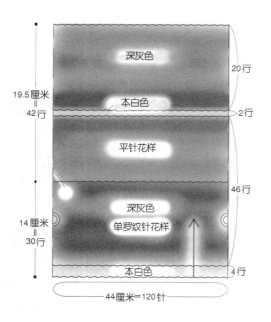

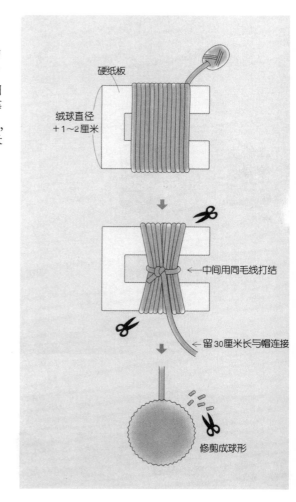

48

材料：酒红色毛线 130 克。
用具：环形棒针，毛衣缝针。
说明：根据图示编织，首先采用环形棒针
　　　　编织单罗纹针，编织帽环 120 针等
　　　　于 44 厘米，帽高 72 行等于 33.5 厘米，
　　　　最后将帽顶用毛衣缝针串缝收口
　　　　即可。

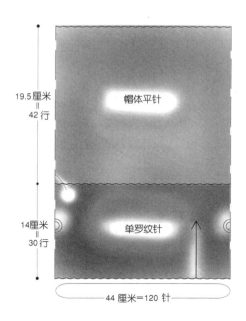

19.5厘米
＝
42 行

帽体平针

14厘米
＝
30 行

单罗纹针

44 厘米＝120 针

49

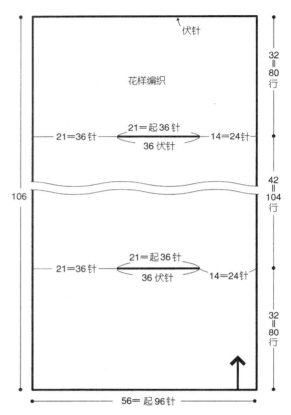

材料：玫瑰红色线180克。

用具：8号钩针，10号钩针。

密度：17 针 ×25 行＝ 10 厘米 ×10 厘米。

说明：按图示花样编织，编织时留出袖口，在配戴时用装饰花固定。

花样编织符号

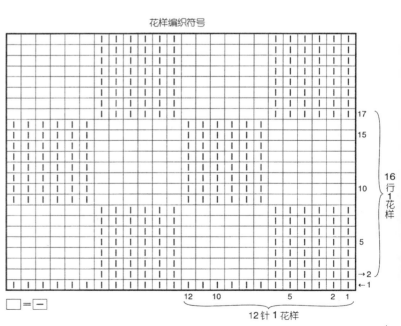

50

材料： 本白色线 160 克。
辅料： 硬卡纸 6 厘米 ×40 厘米。
用具： 6 号钩针，7 号钩针。
密度： 16.5 针 ×24 行 = 10 厘米
　　　　×10 厘米。
说明： 按图示花样编织，织到
　　　　142.5 厘米时编织流苏。

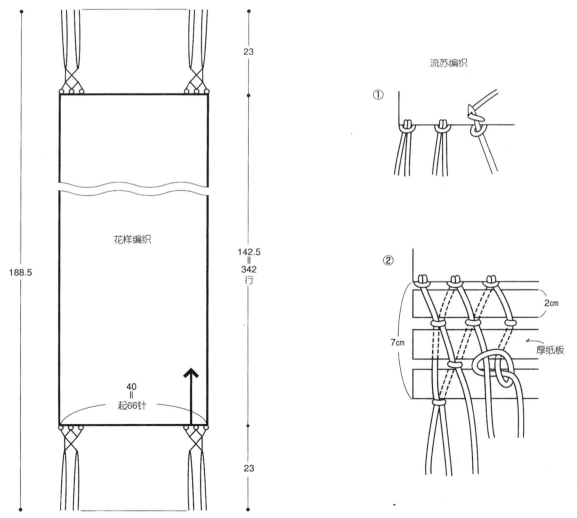

23

流苏编织

①

142.5
=
342
行

②

2cm

7cm

厚纸板

188.5

花样编织

40
=
起66针

23

50

花样符号

流苏编织

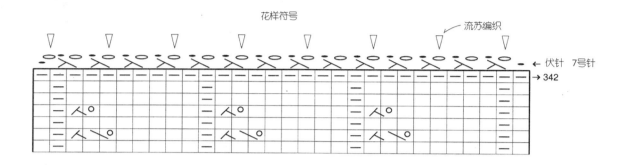

← 伏针 7号针

→ 342

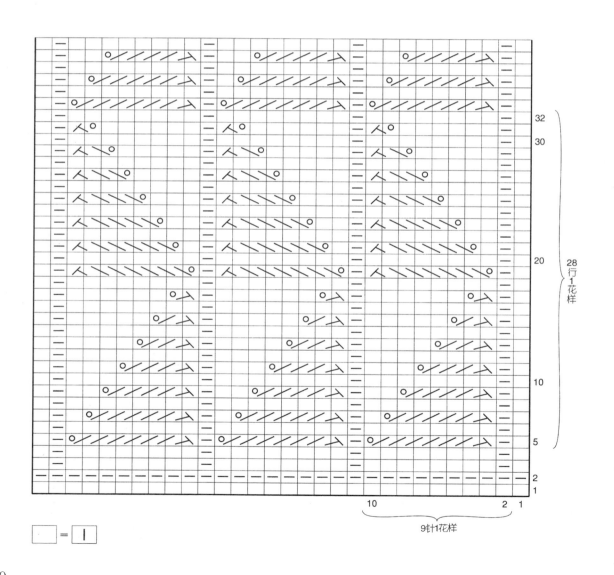

□ = | |

51

材料： 藕色丝光线 115 克。
辅料： 硬卡纸 6 厘米 ×40 厘米。
用具： 7 号钩针。
说明： 按图示花样钩织，钩织时左右对称，
松紧度均匀，钩完后熨烫平整。

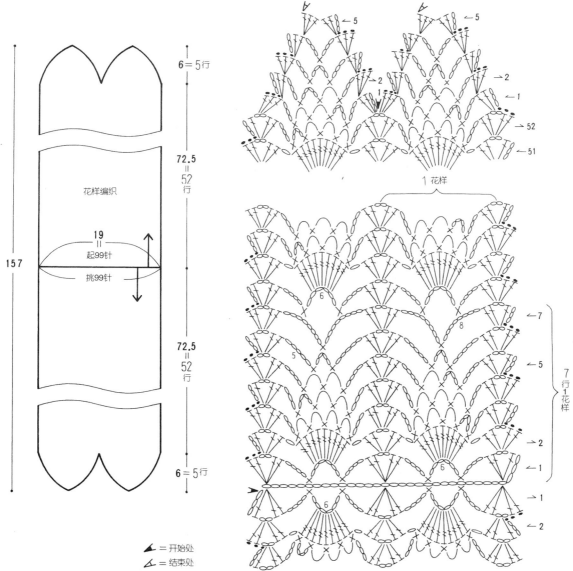

6 = 5 行

72.5 = 52 行

花样编织

19 = 起99针
挑99针

157

72.5 = 52 行

6 = 5 行

1 花样

7 行 1 花样

▲ = 开始处

▲ = 结束处

52

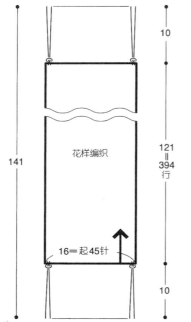

材料： 驼色细毛线 110 克。

用具： 6 号钩针。

密度： 28 针 ×32.5 行＝ 10 厘米 ×10 厘米。

说明： 按图示花样编织，长 121 厘米，两端作流苏处理。

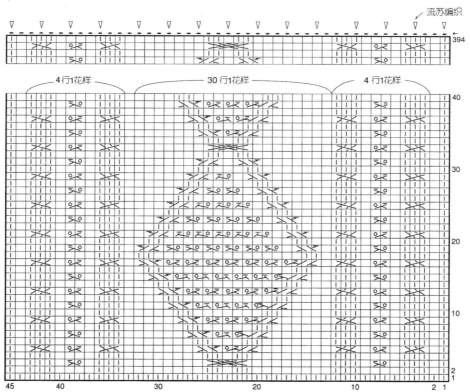

53

材料：深蓝色毛线，黄色毛线各 25 克。
用具：10 号棒针。
密度：15 针 ×29.5 行 = 10 厘米 ×10 厘米。
密度：按图示花样编织，织完后熨烫平整。

花样编织符号

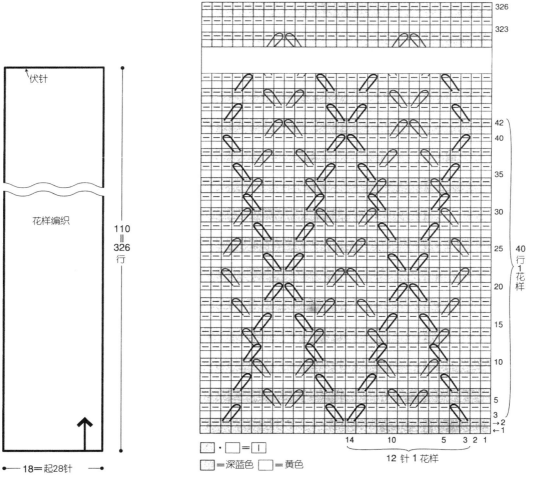

326
323

42
40

35

30

25

20

15

10

5
3
→2
←1

40
行
1
花样

14　　　10　　　　　5　　3 2 1

12 针 1 花样

伏针

花样编织

110
=
326
行

18=起28针

▢ · ▢ = ▯
▢ =深蓝色　▢ =黄色

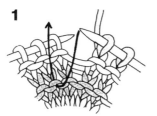
1

2

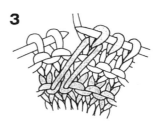
3

54

材料：草绿色毛线 100 克。
用具：8 号棒针。
密度：13 针 ×15 行 = 10 厘米 ×10 厘米。
说明：按图示花样编织，织完后熨烫平整。

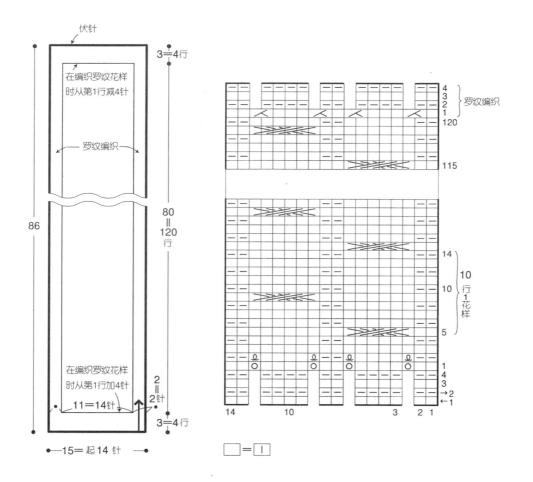

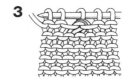

55

材料：粉红色毛线，玫瑰色毛线各 45 克。
用具：6 号棒针。
密度：18 针 ×40 行＝ 10 厘米 ×10 厘米。
说明：按图示花样编织，最后用单罗纹针收口。

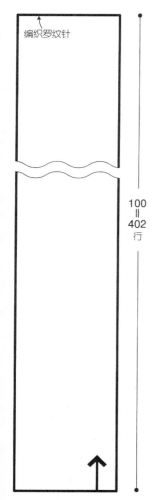

编织罗纹针

100
＝
402
行

15＝挑27针

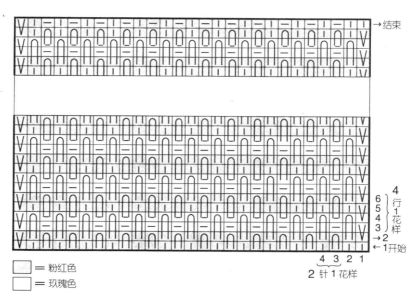

→结束

4
行
6 1
5 花
4 样
3
2
←1开始

4 3 2 1
2 针 1 花样

☐ = 粉红色
☐ = 玫瑰色

56

材料： 白色夹银丝圈圈绒毛线 50 克，或紫色
夹银丝圈圈绒毛线 50 克，或蓝色夹
丝圈圈绒毛线 50 克。

辅料： 3 根环状 10 厘米松紧带，21 个珠。

用具： 7 号棒针，7 号钩针。

密度： 15.5 针 ×13 行＝ 10 厘米 ×10 厘米。

说明： 按图示花样编织围巾，然后钩出装
饰花，将三组花用珠串成一体。

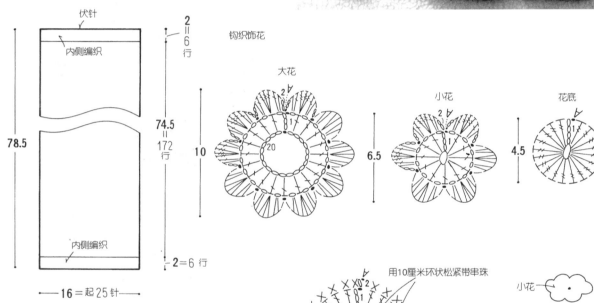

钩织饰花

大花

小花

花底

花样编织符号

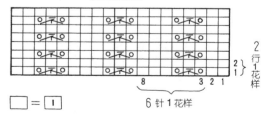

用10厘米环状松紧带串珠

小花

大花

底

固定饰花的环

将底用线与大花固定好

大

小

大

将珠拼成花形

57

材料： 红紫昆合色毛线 45 克，或黄紫昆
合色毛线 45 克。
用具： 7 号钩针。
密度： 10 针 =10 厘米，3 行 =10 厘米。
说明： 按图示花样编织。

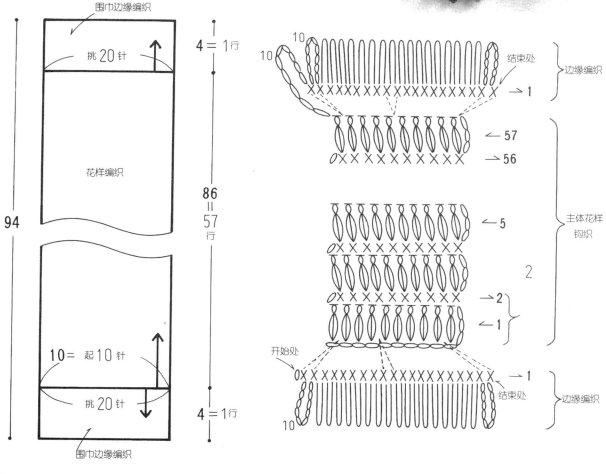

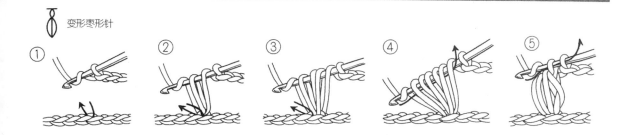

58

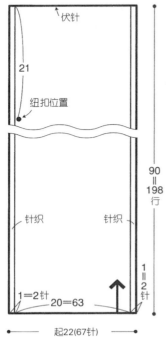

材料：米色细羊毛线 130 克，或黄色细
羊毛线 130 克。

用具：10 号棒针。

辅料：纽扣（直经 2 厘米）2 粒。

密度：31 针 ×22 行 ＝ 10 厘米 ×10 厘米。

说明：按图示花样编织。

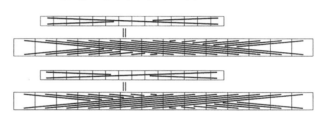

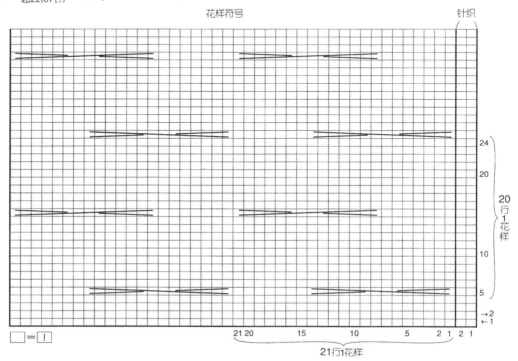

59

材料： 咖啡色细毛线 125 克，本白色细毛线 125 克，浅蓝色细毛线 20 克。

用具： 8 号钩针，毛线缝针。

说明： 根据图示钩织，围巾宽 14 针等于 17 厘米，长 66 行等于 160 厘米，钩咖啡色 5 行，天蓝色 1 行，本白色 5 行，三色组合，11 行为一组，重复钩织即可。

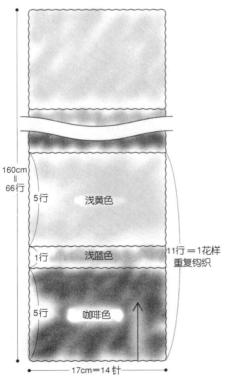

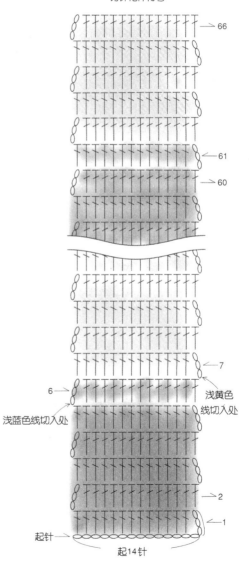

钩针花样符号

60

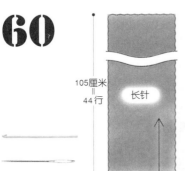

105厘米 = 44行

长针

←17厘米=13针→

60

材料：酒红色毛线 165 克。

用具：8 号钩针，毛线缝针。

说明：根据图示钩织，围巾宽 13 针等于 17 厘米，长 44 行等于 105 厘米，绒球钩成后，用毛线缝针缝合到围巾两头（花样同 59 款）。

61

材料：红白相间色毛线 250 克。

用具：7 号钩针，毛线缝针。

说明：根据图示钩织，围巾宽 15 针等于 17 厘米，长 44 行等于 105 厘米，1 行 15 针长针（花样同 59 款）。

长针

←17厘米=15针→

64

长针

根据个人爱好流苏留长短

←17 厘米=20针→

64

材料：天蓝色毛线 80 克。

用具：10 号钩针，毛线缝针。

说明：根据图示钩织，围巾宽 20 针等于 17 厘米，钩至所需长度后配上留苏即可（花样同 59 款）。

62

长针

	3行	粉红色
3行	深红色
3行	深蓝色

9行=1花样重复操作

←18厘米=15针→

62

材料：黑色毛线 50 克，粉红色 50 克，酒红色 50 克。

用具：7 号钩针，毛线缝针。

说明：根据图示钩织，围巾宽 15 针等于 18 厘米，钩 3 行换色，钩织 9 行为一组花样，然后重复钩织到所需长度（花样同 59 款）。

63

长针

7行

←17厘米=14针→

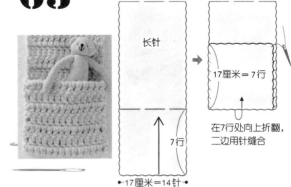

17厘米 = 7行

在7行处向上折翻，二边用针缝合

63

材料：本白色毛线 250 克。

用具：8 号钩针，毛线缝针。

说明：根据图示钩织，围巾宽 14 针等于 17 厘米，在钩 7 行处向上折叠，然后将两边缝合即可（花样同 59 款）。

65·66

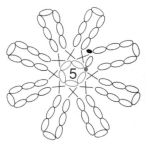

钩针基础花样

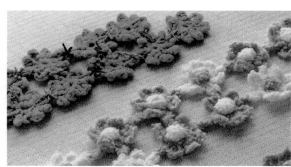

65
材料： 天蓝色毛线 100 克。
用具： 7 号钩针，毛线缝针。
说明： 根据图示钩织，共钩 22 片花，然后用自己喜欢的细绳连扎即可。

66
材料： 粉红色毛线 55 克，本白色毛线 35 克。
用具： 10 号钩针，毛线缝针。
说明： 根据图示钩织，共钩 22 片底花，然后将花芯配上，钩 16 片粉红底配白芯，钩 6 片白底配粉红芯。

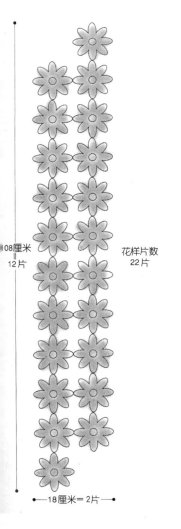

108 厘米 12 片

花样片数 22 片

←18厘米＝2片→

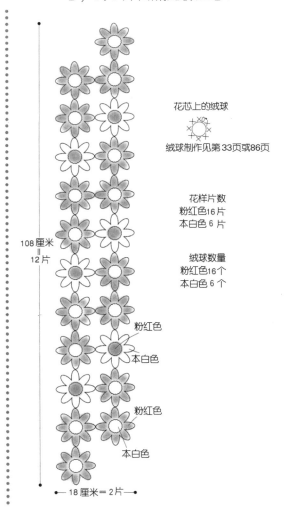

花芯上的绒球

绒球制作见第33页或86页

花样片数
粉红色16片
本白色6片

绒球数量
粉红色16个
本白色6个

108 厘米 ＝ 12 片

粉红色

本白色

粉红色

本白色

←18厘米＝2片→

67·68

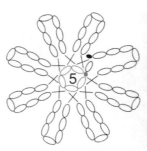

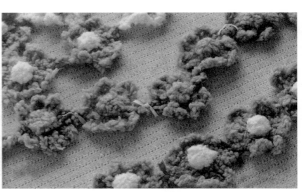

钩针基础花样

67

材料：浅蓝色毛线 30 克，浅紫色毛线 30 克。

用具：10 号钩针，毛线缝针。

说明：根据图示钩织，共钩 14 片底花，然后将花芯配上，钩 7 片浅蓝底配浅紫芯，钩 7 片浅紫底配浅蓝芯。

68

材料：淡黄色毛线 35 克，本白色毛线 10 克。

用具：10 号钩针，毛线缝针。

说明：根据图示钩织，共钩 10 片底花，然后将花芯配上，钩淡黄色底配本白色芯。

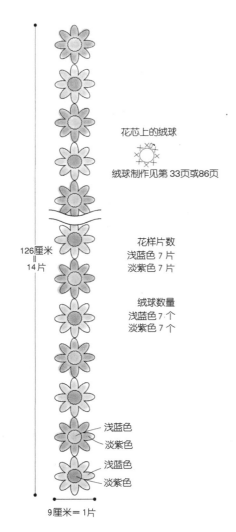

花芯上的绒球

绒球制作见第33页或86页

花样片数
浅蓝色 7 片
淡紫色 7 片

绒球数量
浅蓝色 7 个
淡紫色 7 个

126厘米
=
14片

浅蓝色
淡紫色
浅蓝色
淡紫色

9厘米＝1片

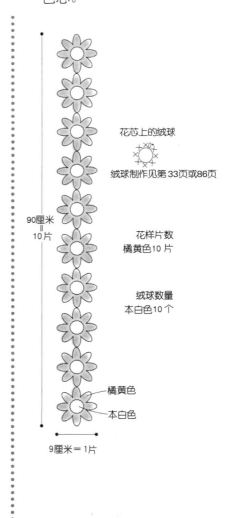

花芯上的绒球

绒球制作见第33页或86页

花样片数
橘黄色10 片

绒球数量
本白色10 个

90厘米
10片

橘黄色
本白色

9厘米＝1片

69

材料： 浅灰色细毛线 240 克、深灰色细
毛线少许。

用具： 10 号棒针，6 号钩针，毛线缝针，
数针器。

说明： 根据图示编织，主体花样采用下
针右上 5 针交叉针，其他用双罗
纹针法编织，留苏用钩针挑出。

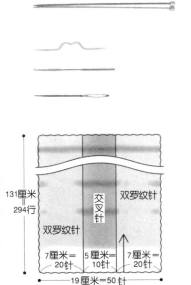

131厘米
＝
294行

双罗纹针　　交叉针　　双罗纹针

7厘米＝
20针　　5厘米＝
10针　　7厘米＝
20针

19厘米＝50针

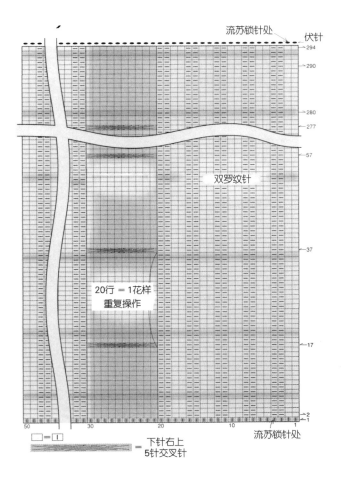

流苏锁针处　　伏针

双罗纹针

20行 = 1花样
重复操作

流苏锁针处

□ = │

＝ 下针右上
5针交叉针

70

材料： 骆色为主夹白色细线混合为一股毛线
150 克 (线团中间有规律隔段带白色、
咖啡色)。

用具： 10 号棒针，毛线缝针，数针器。

说明： 根 据 图 示 编 织，主体花样采用下针
右上 4 针交叉针，其他用单罗纹针法
编织。

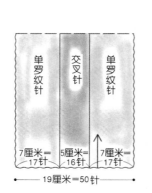

单罗纹针 | 交叉针 | 单罗纹针

7厘米= | 5厘米= | 7厘米=
17针 | 16针 | 17针

19厘米=50针

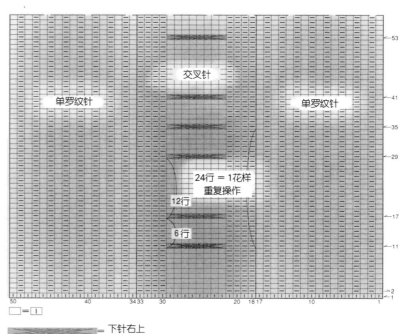

交叉针

单罗纹针 | 单罗纹针

24行 = 1花样
重复操作

12行

6行

□=｜

下针右上
4针交叉针

71

材料： 渐变混合色细毛线 220 克。

用具： 10 号棒针，毛线缝 针，数针器。

说明： 根据图示编织，主 体花样采用下针右 上 4 针交叉针，其 他用双罗纹针法编 织。

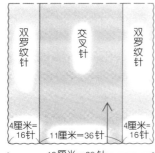

双罗纹针 ｜ 交叉针 ｜ 双罗纹针

4厘米＝16针 ｜ 11厘米＝36针 ｜ 4厘米＝16针

19厘米＝68针

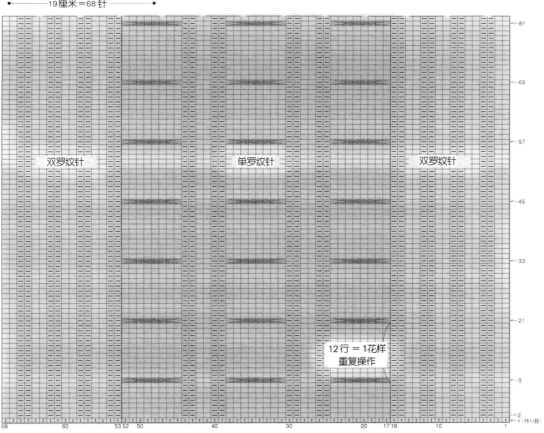

双罗纹针　　　　　单罗纹针　　　　　双罗纹针

12行 ＝1花样
重复操作

□＝｜

＝ 24行 ＝1花样
重复操作

72

材料： 驼色细毛线 220 克。

用具： 10 号棒针，毛线缝针，数针器。

说明： 根据图示编织，主体花样采用下针左上 4 针交叉针和下右上 4 针交叉针，其他花样用单罗纹针编织。

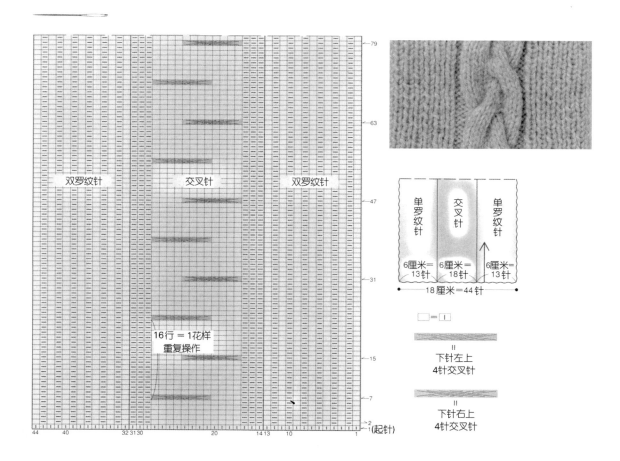

双罗纹针　交叉针　双罗纹针

16行 = 1花样
重复操作

44　40　　32 31 30　　20　　14 13　10　　1
2 (起针)
79
63
47
31
15
7

单罗纹针　交叉针　单罗纹针

6厘米＝13针　6厘米＝18针　6厘米＝13针
18厘米＝44针

□ = ｜

‖
下针左上
4针交叉针

‖
下针右上
4针交叉针

 ▶ 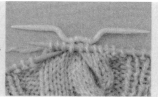 ▶  ▶

73

材料：红色毛线 100 克，本白色毛线 120 克。

用具：10 号棒针，数针器。

说明：根据图示编织，采用单罗纹针编织，首先编 4 行红色，然后编 4 行白色，8 行为一组花样，重复编织至围巾所需长度即可。

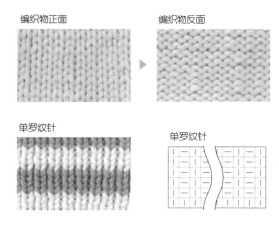

编织物正面　编织物反面

单罗纹针　单罗纹针

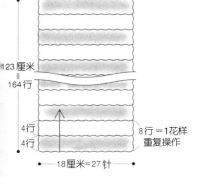

123厘米 ＝ 164行

4行
4行

8行＝1花样
重复操作

18厘米＝27针

□＝—

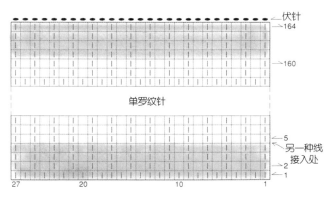

伏针
164

160

单罗纹针

5
另一种线接入处

2
1

27　　20　　10　　1

74

材料： 本白色细毛线 200 克。

用具： 8 号棒针，6 号钩针，毛衣缝针。

说明： 根据图示编织，主体花样采用
双罗纹针编织，最后用钩针做
出留苏。

双罗纹针

双罗纹针

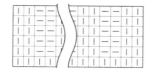

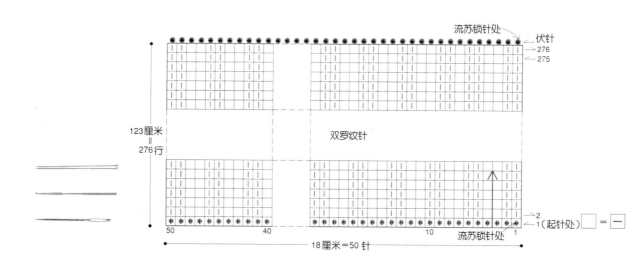

流苏锁针处

伏针

→276
←275

123厘米
＝
276行

双罗纹针

→2
→1（起针处）　□ ＝ ─

50　　　40　　　　　　　　　　10　　流苏锁针处　1

18厘米＝50针

75、76、77 棒针基础花样见 107 页

75

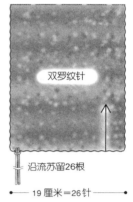

双罗纹针

沿流苏留26根

├── 19 厘米 = 26针 ──┤

材料： 白色、粉红色、酒红色混合毛
线 170 克。

用具： 8 号棒针，8 号钩针，毛线缝针。

说明： 根据图示编织，此围巾采用双
罗纹针花样编织，最后围巾两
头采用留苏编织。

76

材料： 浅天蓝色毛线 150 克。

用具： 13 号棒针，毛线缝针。

说明： 根据图示编织，此围巾采用
双罗纹针花样编织。

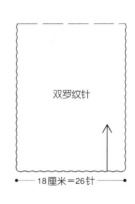

双罗纹针

├── 18 厘米 = 26针 ──┤

77

材料： 本白色、浅天蓝色毛线各 75 克
灰色毛线少许 (做留苏用)。

用具： 15 号棒针，毛线缝针。

说明： 根据图示编织，将本白色、浅
天蓝色两种毛线混合编织，最
后用灰色毛线作留苏。

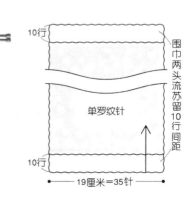

10行

围巾两头流苏留10行间距

单罗纹针

10行

├── 19 厘米 = 35针 ──┤

78

79

78、79 棒针基础花样见 107 页

材料： 黄色毛线 125 克。

用具： 6 号棒针，毛线
缝针。

说明： 根据图示编织用
单 罗 纹 针 编 织，
最后绒球按在围
巾两头，绒球制
作见第 86 页。

材料： 本白色细毛线 100 克、酒红色细毛
线 50 克，浓茶色细毛线 50 克。

用具： 8 号棒针，毛线缝针。

说明： 根据图示编织，用单罗纹针编织，
4 行为一种色，16 行为一组花样，
重复编织至所需长度即可。

单罗纹针

←——19 厘米=61针——→

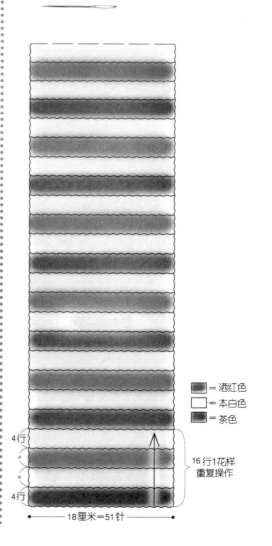

■ = 酒红色

□ = 本白色

■ = 茶色

4行

16行1花样
重复操作

4行

←——18厘米=51针——→

80

80、81 棒针基础花样见 107 页

材料： 本白色细毛线 110 克，酒红色细毛
线 20 克，粉色细毛线 80 克。

用具： 7 号棒针，毛线缝针。

说明： 根据图示编织单罗纹针，编 10 行本
白色，2 行酒红色，4 行粉红色，2
行本白色，将此段合为一组花样，
重复编织。

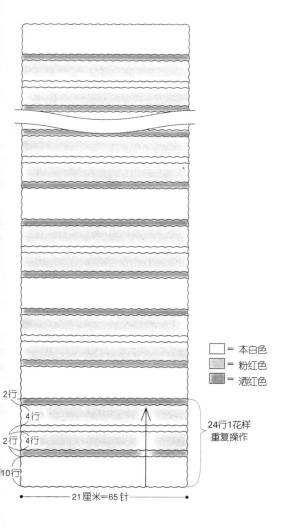

	= 本白色
	= 粉红色
	= 酒红色

2行
4行
2行
4行
10行

24行1花样
重复操作

├─ 21厘米=65针 ─┤

81

材料： 黑色细毛线 100 克，灰色细毛线
40 克，本白色细毛线 20 克。

用具： 7 号棒针，毛线缝针。

说明： 根据图示编织，采用双罗纹针编织，
先编织 4 行黑色，2 行灰白色，4
行本白色，2 行灰色，4 行本白色，
最后 2 行灰白色，将此段合为一组
花样，重复编织至所需围巾长度。

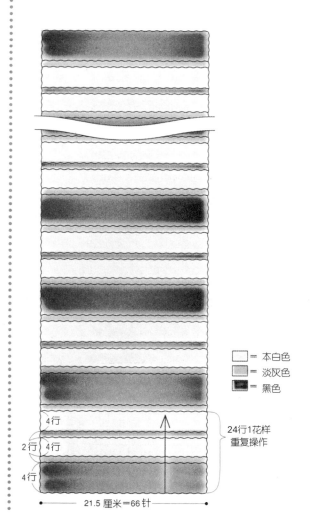

	= 本白色
	= 淡灰色
	= 黑色

4行
2行
4行
4行

24行1花样
重复操作

├─ 21.5 厘米=66针 ─┤

82

82、83 棒针基础花样见 107 页

材料： 酒红色细毛线 45 克，粉红色细毛线 45 克，草绿色细毛线 45 克，本白色细毛线 45 克。

用具： 7 号棒针，毛线缝针。

说明： 根据图示编织，将四种颜色各编织 2 行，将四种颜色作为一组（四色由下而上顺序酒红色、粉红色、草绿色，本白色），重复编织至所需围巾长度。

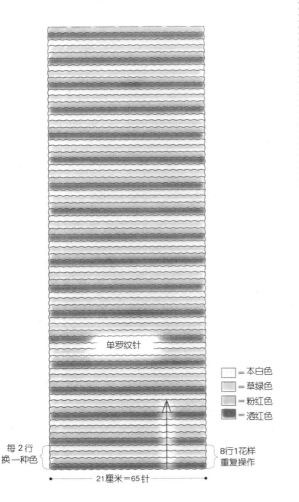

单罗纹针

= 本白色
= 草绿色
= 粉红色
= 酒红色

每 2 行
换一种色

8行1花样
重复操作

← 21厘米＝65针 →

83

材料： 黑色细毛线 45 克，浅蓝色细毛线 45 克，本白色细毛线 45 克，茶色细毛线 45 克。

用具： 7 号棒针，毛线缝针。

说明： 根据图示编织，将四种颜色各编织 2 行（四色由下而上顺序黑色、浅蓝色、本白色、茶色），最后将 8 行作为一组花样，重复编织至所需围巾长度。

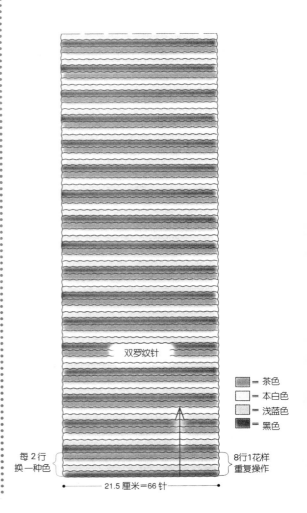

双罗纹针

= 茶色
= 本白色
= 浅蓝色
= 黑色

每 2 行
换一种色

8行1花样
重复操作

← 21.5厘米＝66针 →

84

84、85 棒针基础花样见 107 页

材料： 黑色毛线 30 克、灰色毛线 150 克。

用具： 12 号棒针，毛线缝针。

说明： 根据图示编织，按顺序黑色编织
8 行，灰色 4 行，黑色 2 行，灰
色 4 行，黑色 8 行将这 26 行作
一组，中间段全用灰色线编织
所需围巾长度，围巾另一端重复
开始颜色编织。

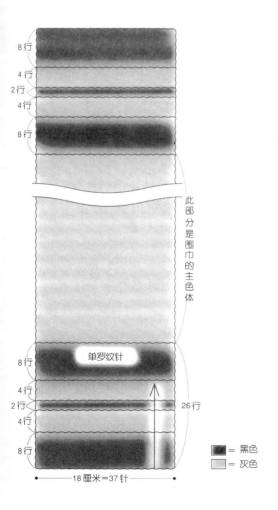

85

材料： 橘黄色细毛线 50 克、浅绿色细毛
线 20 克、草绿色细毛线 20 克。

用具： 12 号棒针，毛线缝针。

说明： 根据图示编织，按顺序先编织 8
行橘黄色，4 行草绿色，4 行浅绿
色，4 行橘黄色，4 行浅绿色，
4 行草绿色，共计 28 行为一组。

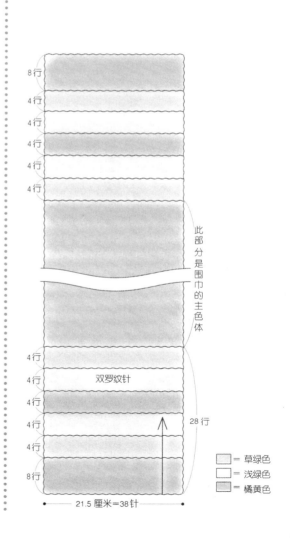

86

材料： 围巾，粗段染线 290 克，茶色线 20 克；
帽子，粗段染线 110 克，茶色线 20 克。

用具： 粗针 10 号棒针，钩针。

密度： 花样 A，11 针×15 行＝ 10 厘米×10
厘米；花样 B，12.5 针× 14 行＝ 10
厘米×10 厘米。

尺寸： 围巾，宽 16 厘米，长 302 厘米；帽子，
头围 56 厘米，深 15 厘米。

说明： 围巾，从下至上起针编织花样，两端
另做流苏，装饰花另制作后缝在围巾
上；帽子，从顶部中心开始钩织，先
织帽顶，然后织帽体，最后在帽沿处
挑针钩织花边。

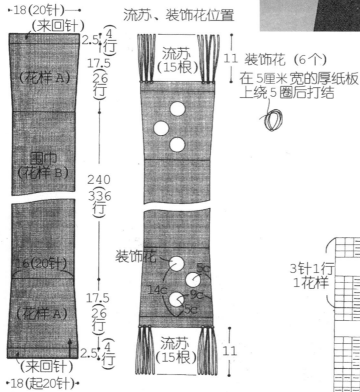

18(20针)
(来回针)
2.5 4行
17.5 (26行)
(花样 A)
围巾
(花样 B)
240 336行
17.5 26行
(花样 A)
2.5 4行
(来回针)
18(起20针)
16(20针)

流苏、装饰花位置
流苏 (15根)
11 装饰花 (6个)
在 5厘米 宽的厚纸板上绕 5圈后打结
装饰花
5C
14C
9C
5C
流苏 (15根)
11

流苏系法
25厘米 长对折

■=粗段染线　□=茶色线

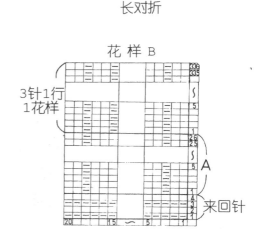

花样 B
3针1行 1花样
A
来回针

86

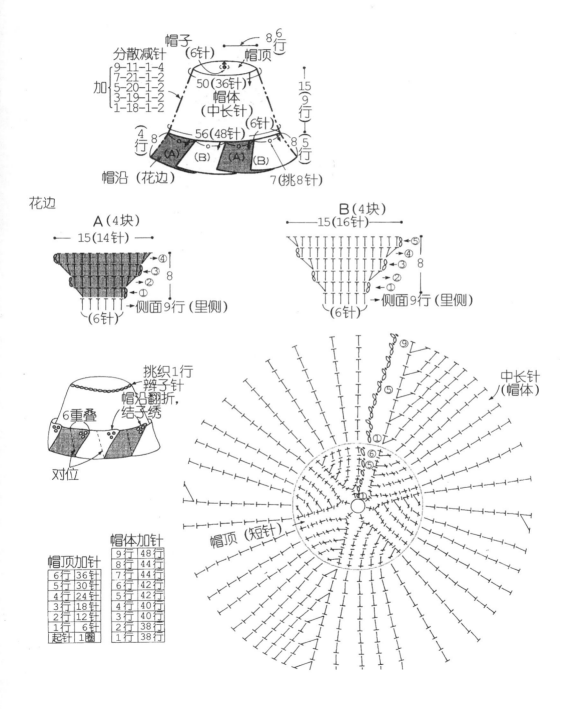

帽子
(6针)

帽顶

8 6行

分散减针
9-11-1-4
7-21-1-2
加 5-20-1-2
3-19-1-2
1-18-1-2

50(36针)
帽体
(中长针)

15 9行

56(48针)

4行 8

(6针)

8 5行

帽沿（花边）

(A) (B) (A) (B)

7(挑8针)

花边

A（4块）

15(14针)

④
③
②
①

8

(6针)

侧面9行（里侧）

B（4块）

15(16针)

④
③
②
①

8

(6针)

侧面9行（里侧）

挑织1行
辫子针
帽沿翻折，
结子绣

6重叠

对位

中长针
(帽体)

帽顶（短针）

⑨
⑤
①
⑥
⑤
①

帽顶加针	
6行	36针
5行	30针
4行	24针
3行	18针
2行	12针
1行	6针
起针	1圈

帽体加针	
9行	48行
8行	44行
7行	44行
6行	42行
5行	42行
4行	40行
3行	40行
2行	38行
1行	38行

87

材料： 围巾，段染线 340 克，深咖色珠光线 20 克；帽子，
段染粗棉线 70 克，深咖色珠光线 5 克。

用具： 粗针 10 号棒针，钩针。

密度： 单罗纹处，12.5 针 ×16 行＝ 10 厘米 ×10 厘米。

尺寸：围巾，宽 30 厘米，长 192 厘米；帽子，头
围 56 厘米，深 23.5 厘米。

说明： 围巾，从下至上起针编织单罗纹，两端另做流苏，
珠绣花另钩织后缝合在围巾上；帽子，分两片从
帽沿开始钩织至帽顶，然后缝合，钉上珠绣花。

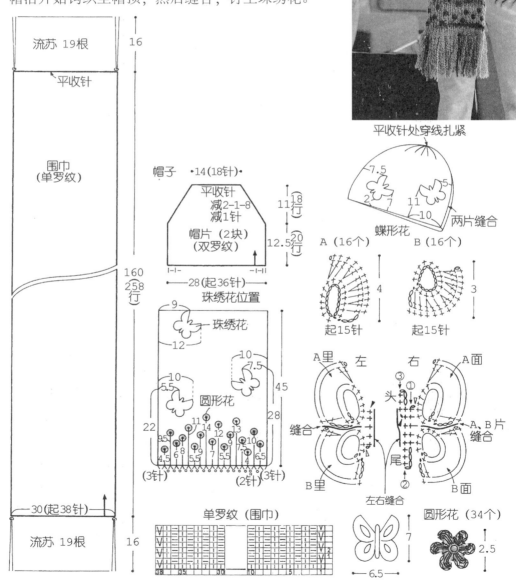

88

材料：本白色毛线 75 克。

辅料：金属装饰纽扣 (直径 2 厘米)2 粒。

用具：7 号钩针。

密度：17 针 ×21 行＝ 10 厘米 ×10 厘米。

说明：按图示钩织手套主体，然后将大姆指与手套主
体连接在一起，最后将装饰纽扣固定好。

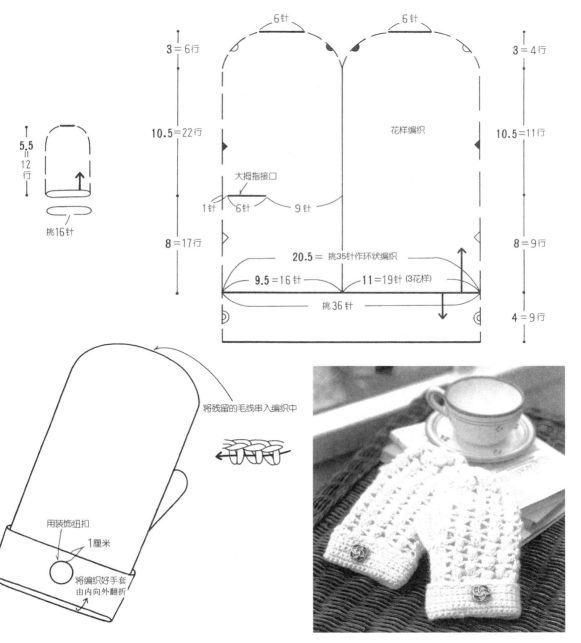

88

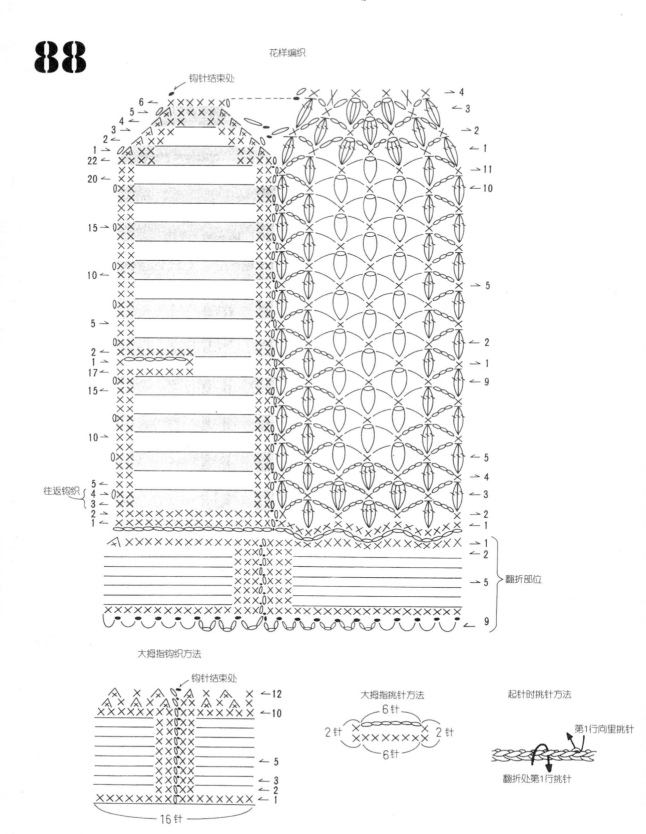

花样编织

钩针结束处

往返钩织

翻折部位

大拇指钩织方法

钩针结束处

— 16针 —

大拇指挑针方法

6针

2针 2针

6针

起针时挑针方法

第1行向里挑针

翻折处第1行挑针

89

材料： 中粗毛腈线，米黄色线6克、白色线38克、黄绿色线5克、
橘红色线6克、天蓝色线7克、绿色线7克。
用具： 钩针。
密度： 花样A，34针×24行＝10厘米×10厘米；花样B，34
针×20.5行＝10厘米×10厘米。
说明： 首先用白色线双股钩织中心一点，然后再挑针向外钩织花
样A、花样B即可。

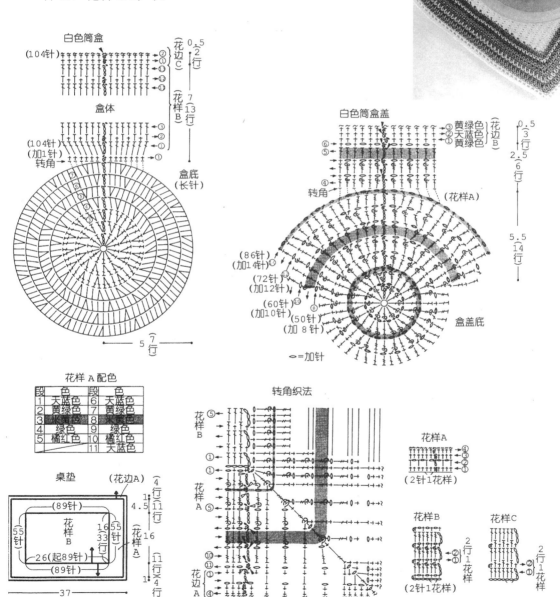

89

材料： 中粗毛腈线，米黄色线 5 克、黄绿色线 8 克、橘红色线 6 克、天蓝色线 8 克、青莲色线 8 克。

用具： 钩针。

密度： 长针处 32 针 ×14 行 = 10 厘米 ×10 厘米；28 针 ×26.5 行 = 10 厘米 ×10 厘米。

说明： 从盒底中心起针钩织，然后向外延伸，其他按图所示。

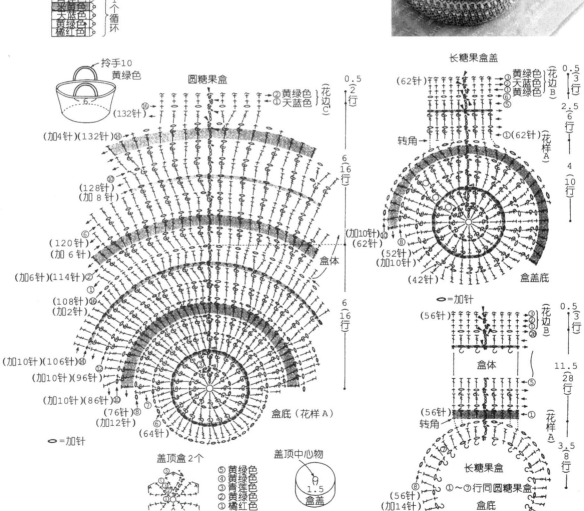

90

材料： 浅驼色毛线 35 克。
用具： 3 号棒针。
说明： 按图示钩织手套主体，然后 留出指
孔后挑针织出，其余的手指按图示分
出针数，各自加针后用四根针围起来
逐一织出。

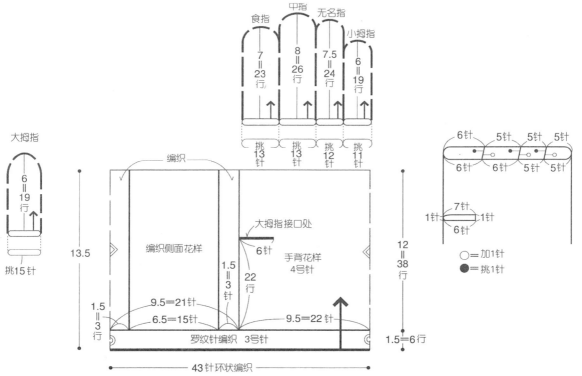

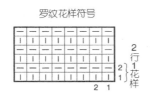

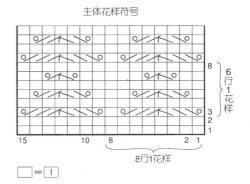

罗纹花样符号

主体花样符号

□＝□

91

材料： 浅驼色毛线150克，玫瑰红色线10克。
用具： 6号钩针。
密度： 14针×14行＝10厘米×10厘米。
说明： 按图示钩织，注意用玫瑰红色钩织帽边。

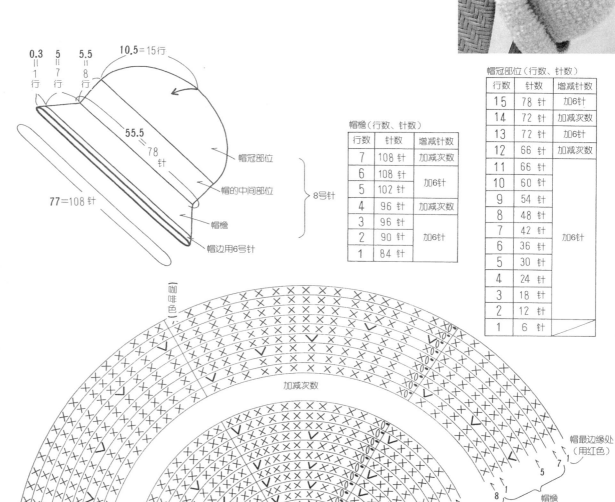

帽冠部位（行数、针数）

行数	针数	增减针数
15	78针	加6针
14	72针	加减次数
13	72针	加6针
12	66针	加减次数
11	66针	加6针
10	60针	
9	54针	
8	48针	
7	42针	
6	36针	
5	30针	
4	24针	
3	18针	
2	12针	
1	6针	

帽檐（行数、针数）

行数	针数	增减针数
7	108针	加减次数
6	108针	加6针
5	102针	
4	96针	加减次数
3	96针	加6针
2	90针	
1	84针	

V = ×+

92

材料： 紫色细毛腈线 175 克。
用具： 钩针。
密度： 40 针 ×18 行 = 10 厘米 ×10 厘米。
尺寸： 宽 180 厘米，长 83 厘米。
说明： 从下往上起针按图示钩织，三边另挑针钩织花边。

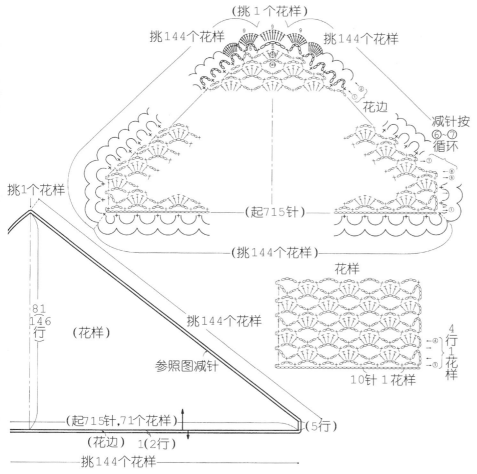

(挑 1 个花样)

挑144个花样　　　　挑144个花样

花边

减针按
⑥~⑦
循环

挑1个花样

(起715针)

(挑144个花样)

81
146
行

(花样)

挑144个花样

参照图减针

(起715针,71个花样)

(5行)

(花边)　1(2行)

挑144个花样

花样

4
行
1
花
样

10针 1花样

93

材料：本白色细棉线 40 克。
用具：钩针。
尺寸：11.5 厘米 ×10 厘米。
说明：分别起针钩织各叶片和小
　　　圆果，然后按图示缝合。

约 1.3

约 3.5

圆果(108 个)
中心绕 2 圈

叶片(27 枚)　中心起 11 针

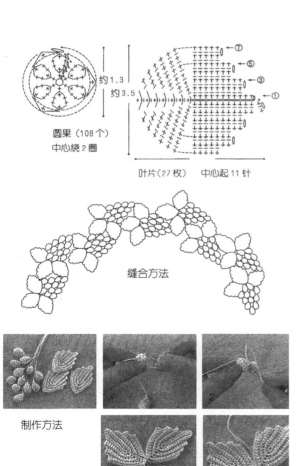

缝合方法

制作方法

94

材料： 深红色马海毛 300 克。

用具： 钩针。

尺寸： 披肩长 60 厘米，袖长 39 厘米。

说明： 分别起针钩织直径 6 厘米的基本花样，然后按图示钩织在一起。

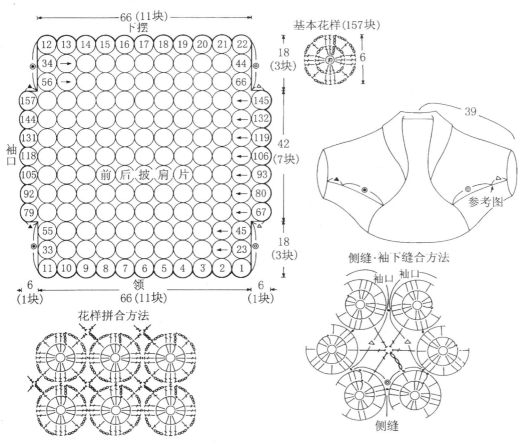

基本花样(157块)

前后披肩片

66 (11块)
下摆

18 (3块)

42 (7块)

18 (3块)

袖口

领

6 (1块)
66 (11块)
6 (1块)

花样拼合方法

侧缝·袖下缝合方法

袖口 袖口

侧缝

参考图

39

95

材料： 本白色细棉线 300 克。

用具： 钩针。

密度： 衣片 22 针 ×7 行 = 10 厘米 ×10 厘米；
袖片 22 针 ×5.5 行 = 10 厘米 ×10 厘米。

尺寸： 直径 106 厘米，袖长 46 厘米。

说明： 从中心开始向外成圈钩织，装袖处留
出空隙，袖片另挑针钩织。

衣片（花样）

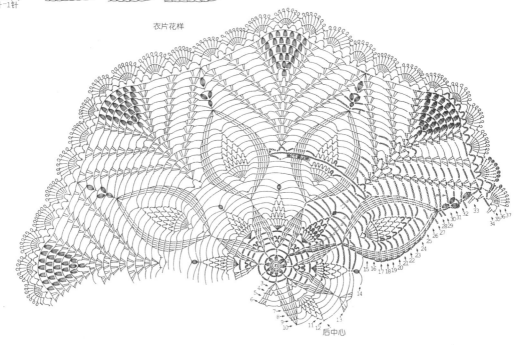

衣片花样

后中心

96

材料： 全棉白色线 150 克，黄色、
淡蓝色、粉红色线各少许。

用具： 钩针。

尺寸： 帽沿宽 10 厘米，帽边周
长 56 厘米，帽深 8 厘米。

说明： 由帽顶中心开始钩织，先
钩帽顶和帽身，再钩织
帽沿。

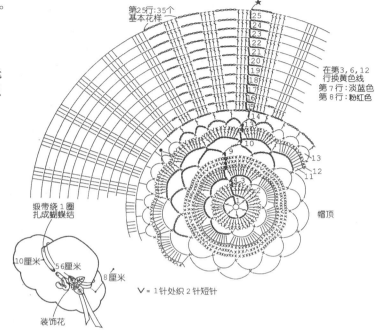

第25行:35个
基本花样

在第3,6,12
行换黄色线
第7行:淡蓝色
第8行:粉红色

帽顶

缎带绕 1 圈
扎成蝴蝶结

10厘米 56厘米 8厘米

装饰花

V = 1针处织 2针短针

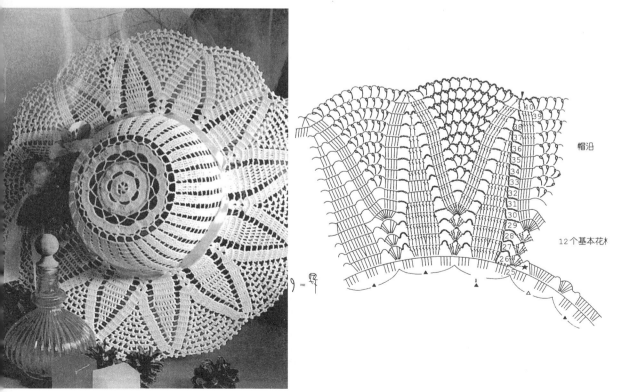

帽沿

12个基本花样

97

材料： 本白色、淡黄色、粉红色细棉腈线各 170 克。

用具： 钩针。

密度： 34 针 ×12 行＝ 10 厘米 ×10 厘米。

尺寸： 38 厘米 ×38 厘米

说明： 先钩织中心 9 块钩花，在中心钩花上另挑针织长针，最外圈钩织花边。

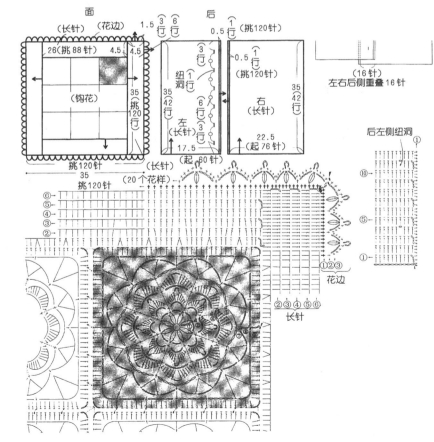

98

材料：紫红色毛腈线 50 克。

用具：钩针。

密度：6 个花样 ×14 行 = 10 厘米 ×
10 厘米。

尺寸：帽围 42 厘米，帽深 22.5 厘米。

说明：从帽下口开始起针分两片按
图示钩织，两片缝合后，帽
口另挑针钩织 7 行短针边做
帽沿。

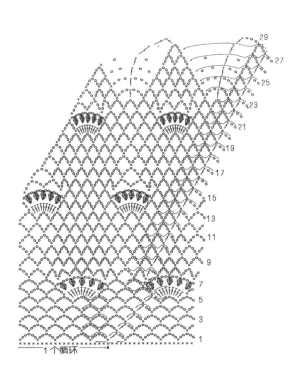

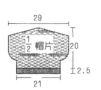

99

材料： 白色棉线 20 克。

用具： 1 号钩针。

说明： 先钩织 211 针辫子针，然后按图示钩织菠萝图案。每行头尾处各增加 1 针长三针，第 7 行开始，逐行增加菠萝之间的网眼，为 6 针辫子针 (3 针辫子针，1 辫子针)，1 针短针循环。

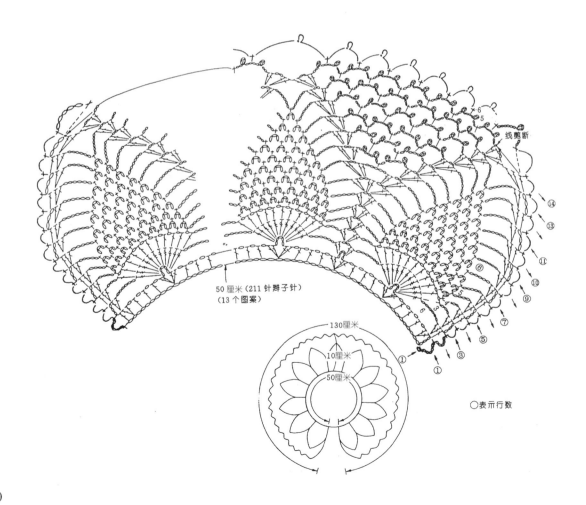

50 厘米 (211 针辫子针)
(13 个图案)

130 厘米

10 厘米

50 厘米

○表示行数

100

材料: 白色棉线 15 克。
用具: 1 号钩针。
说明: 先钩织 264 针辫子针，然后按图示花样钩织。第 2 行开始织小花，第 9 行以长长针代替第 2、第 5 行的长三针，第 13 行换成绕三长针，第 14 行织 4 针辫子针，1 针短针循环作边，最后在起始处反向织 1 行短针。

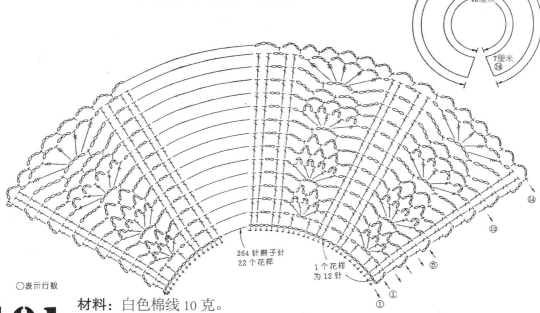

○表示行数

264 针辫子针
22 个花样

1 个花样
为 12 针

101

材料: 白色棉线 10 克。
用具: 1 号钩针。
说明: 先钩织 154 针辫子针，然后按图示花样钩织。第 2 行开始织小菱形块，第 14 行用长针代替第 10 行的长三针，第 15、16 行辫子针，1 针短针循环作边，最后在起始处反向织 1 行短针。

○表示行数

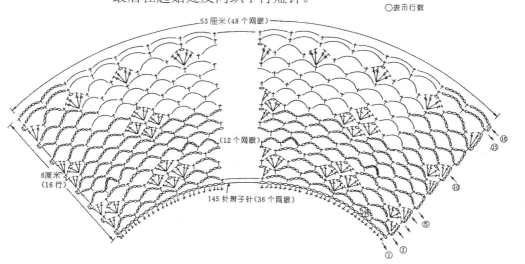

53 厘米(48 个网眼)

(12 个网眼)

6 厘米
(16 行)

145 针辫子针(36 个网眼)

102

材料：白色棉线 10 克。

用具：1 号钩针。

说明：从中央开始钩织，按 A、B、C、D 的次序钩织各图案，然后将线剪断。一共织 10 次。

103

材料：白色棉线 10 克。

用具：1 号钩针。

说明：先钩织 13 个图案，依次连接相邻的图案。在图示处插入 4 个球。然后在领部边缘处织花边，注意保持领圈平整。

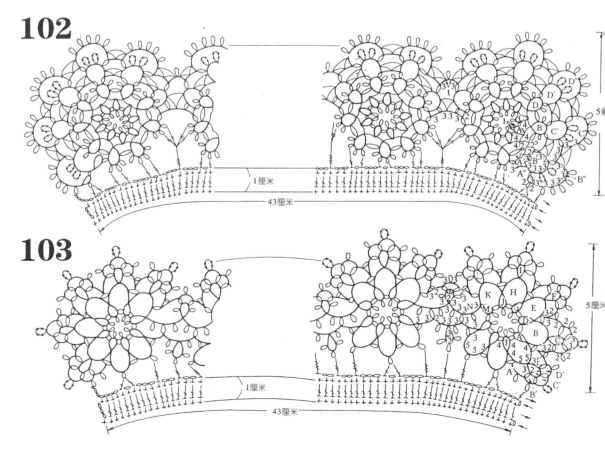

104

材料： 本白色中粗棉线 230 克，本白色线、米黄色线、浅蓝色线、粉红色线、浅紫色线和草绿色线薄沙各少许。

用具： 钩针，手缝针。

尺寸： 宽 33 厘米，深 20 厘米，厚 16 厘米。

密度： 花样 B，24 针 ×16 行 ＝ 10 厘米 ×10 厘米。

说明： 包体从下至上钩织，侧面另起针钩织两片，包片缝合后，另装拎手和拉链。

挑 67 针　　包口部位装拉链　　转角处钩织方法
1.5（3行）　　8.5
挑 44 针　　包底衬硬纸板　　（44 针）　底角　（67 针）

材料

1. 抽断薄纱　　2. 裁片 20 厘米 ×6 厘米

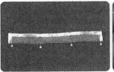  

3. 四面折光边对折　　4. 缲缝缝合　　5. 抽紧线

6. 头上卷成圈　　7. 绕成花朵状　　8. 注意保持折边光滑

9. 缝在固定物上　　10. 用 8 厘米 ×4 厘米裁片做成叶片　　11. 花叶缝合

装饰花、叶的材料和数量

花	颜色	短袖衫		包	
		数量	材料（厘米）	数量	材料（厘米）
花	本白色	30	40	13	20
	米黄色	25	30	14	20
	浅蓝色	9	15	2	10
	粉红色	10	15	3	10
	浅紫色	6	15	3	10
叶	草绿色	17	10	7	4

105

材料: 中粗毛腈线, 米色 120 克, 白色 100 克。

用具: 钩针。

密度: 22 针 ×28 行 ＝ 10×10 平方厘米。

尺寸: 宽 23.5 厘米, 深 28 厘米。

说明: 先起针横向钩织包体, 包底另起针钩织, 缝合成包后, 8 条边处另挑针织短针边。内袋用衬里布缝合在包体内。最后用缎带在包体上做装饰图案。

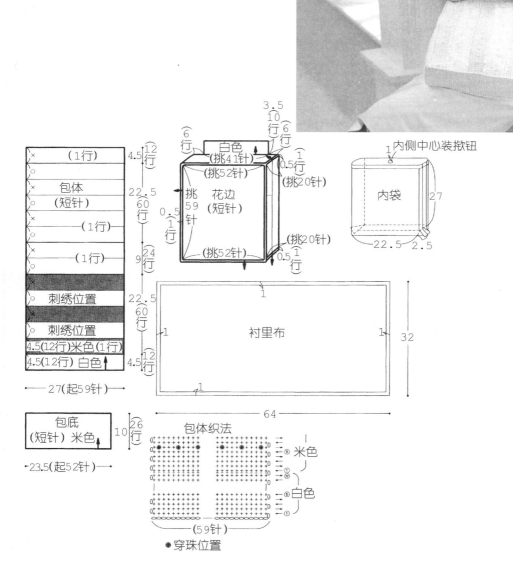

（1行）

4.5 {12行

包体
（短针）

22.5 {60行

（1行）

（1行）

24 {9 行

刺绣位置

22.5 {60行

刺绣位置

4.5(12行)米色(1行)

4.5(12行) 白色

4.5 {12行

── 27（起59针）──

3.5 {10行

6行   白色   6行

（挑41针）

（挑52针）

0.5 {1行

挑 花边   （挑20针）
59 （短针）
针
0.5 针

0.5 {1行

（挑20针）

（挑52针）

0.5 {1行

内侧中心装揿钮

内袋   27

22.5   2.5

1

衬里布   1   32

1

── 64 ──

包底
（短针）米色   10 {26行

──23.5（起52针）──

包体织法

米色

白色

（59针）

● 穿珠位置

106

材料： 纯白色棉线50克(A
款)、45克(B款)、
40克(C款)。

用具： 4棒针，钩针。

尺寸： A款，18厘米×21厘
米；B款，16厘米×
19厘米；C款，12厘
米×25.5厘米。

密度： 花样编织，24针×39
行＝10厘米×10厘米。

说明： 这三款均按相同的要领
来编织。在底边以链式
起针织花样，放松链式
针编织明对侧，在编完
处作下沉固定，在两面
的指定位置上加刺绣。
在两腋处撇出钉缝，在
口围处编织檐边。缝上
内袋的布，A款缎带穿过编织的空眼，B款装上拉链，
缝合两侧边，让袋和外表袋在檐边处连接， C款在
后片缝缀。

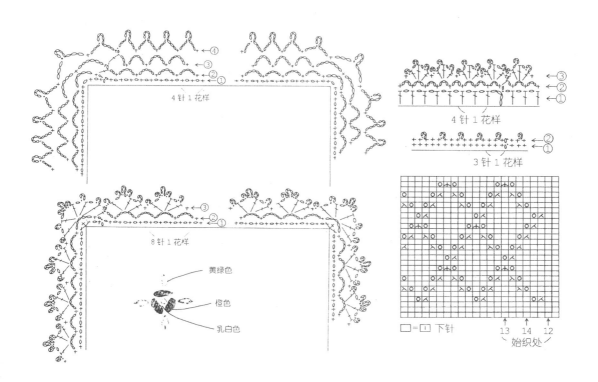

4针1花样

8针1花样

4针1花样

3针1花样

黄绿色
橙色
乳白色

□=① 下针   13 14 12
始织处

106

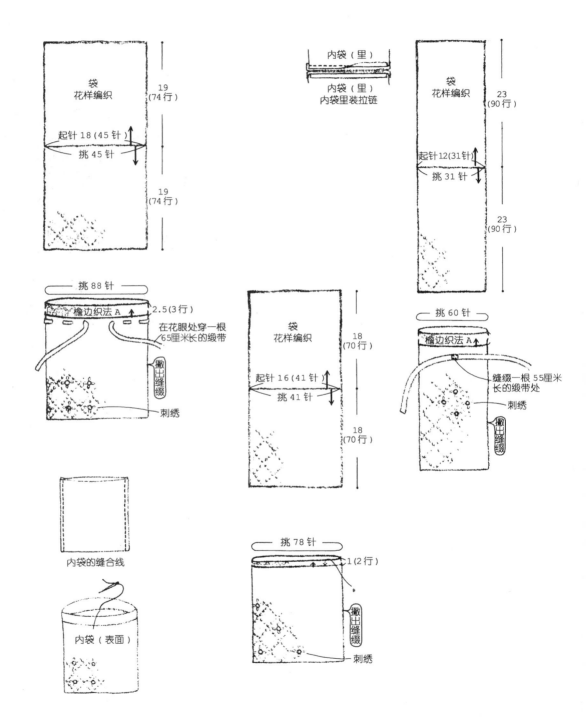

107 · 108

材料： 编织带，桃红色 100 克，粉
色 10 克，米色 105 克。

用具： 钩针。

尺寸： 包宽 30.5 厘米，深 20 厘米。

密度： 16 针 ×15 行＝ 10 厘米
×10 厘米；花样 B，25.5 针
×14 行＝ 10 厘米 ×10 厘米。

说明： 由包底中央起针开始钩织
短针，包口另装装饰花边。

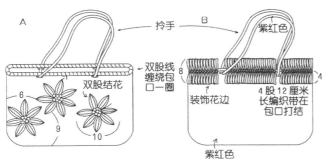

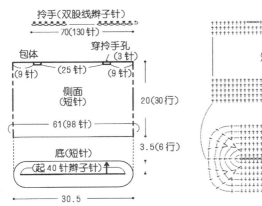

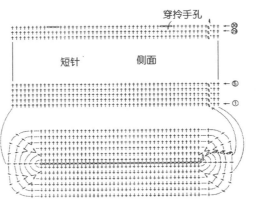

包底	
第6行	98针
第5行	98针
第4行	98针
第3行	90针
第2行	86针
第1行	82针
起	40针

109

材料： 格子布，62 厘米 × 64 厘米；
棉质衬布，62 厘米 × 64 厘米；
本白色棉线 15 克，淡咖色棉
线 5 克；淡咖色刺绣线少许。

用具： 钩针。

尺寸： 宽 46 厘米，深 31.5 厘米。

说明： 先按图示裁剪包片，缝合成拎
包后，在图示位置刺绣抽褶。

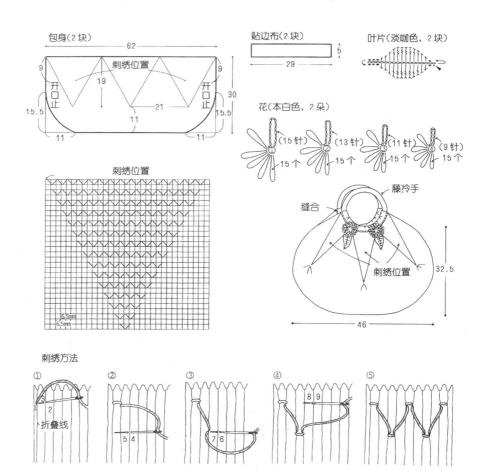

110

材料：棉线，黄色线90克、土黄色线30克、紫色线40克、紫红色线40克、黑色线10克、 粉红色线40克。

用具：钩针。

尺寸：包底宽5厘米，包深21厘米，包带长32厘米。

密度：4针×4行＝10厘米×10厘米。

说明：钩出包前后各一块，包底一块，包侧面两块，包带两根然后将各块缝合起来，钉钮扣和纽襻。

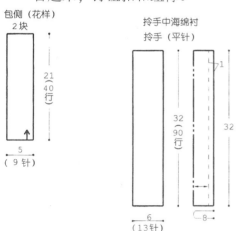

包侧（花样）
2块
21（40行）
5（9针）

拎手中海绵衬
拎手（平针）
32（90行）
32
6（13针）
8

包底 （花样）
21.5（短针41针）
5（9行）
2根黑色线一起织

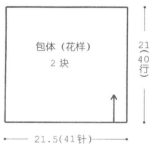
包体（花样）
2块
21（40行）
21.5（41针）

拎手
缝合
卷起
红色线

花样
4针1花样
2针1花样

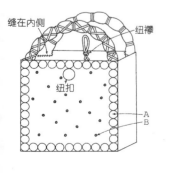
缝在内侧
纽襻
纽扣
A
B

饰物A（本色）
（80个）

饰物B（红色）
（42个）

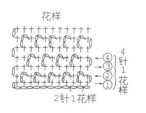
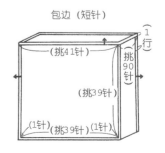
包边（短针）
（挑41针）
（挑39针）
（1针）（挑39针）（1针）
挑90针
1行

111

材料： 中粗棉腈线。拎包，米色线 150 克，
浅蓝灰色线 40 克；腰带，米色线
35 克，浅蓝灰色线 40 克。

用具： 钩针。

尺寸： 包宽 27 厘米，深 23 厘米；腰带，
宽 5 厘米，长 100 厘米。

密度： 花样 A、B：18.5 针 ×14 行＝ 10 厘
米 ×10 厘米；花样 C、D，20 针
×13.5 行＝ 10 厘米 ×10 厘米。

说明： 包分两片从包底开始起针钩织，两
片缝合后，包口挑针钩织短针边；
底中央起针开始钩织短针，腰带从
下至上起针钩织，然后沿四周挑针
钩织短针边。

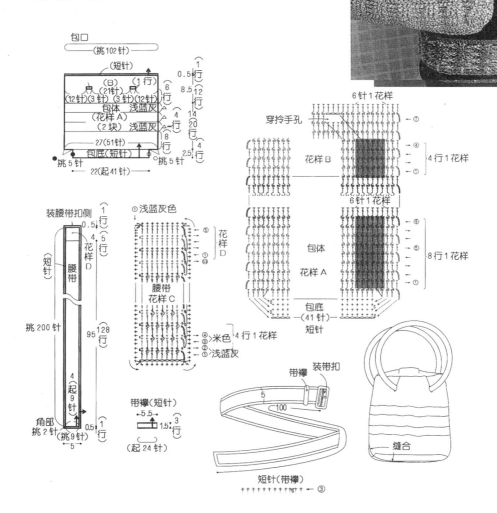

112

材料： 棉线。拎包：蓝色线150
克，淡蓝、紫混色线80
克；手机包，蓝色线15
克，淡蓝、紫混色线10克。

用具： 钩针。

尺寸： 拎包，包底宽20厘米，
深28厘米；手机包，周
长16厘米，深13厘米。

密度： 花样A，25.5针×15行
＝10厘米×10厘米；
花样B：25.5针×14行
＝10厘米×10厘米。

说明： 由包底中心起针钩织，
拎带另起针钩织，然后
缝合在一起。

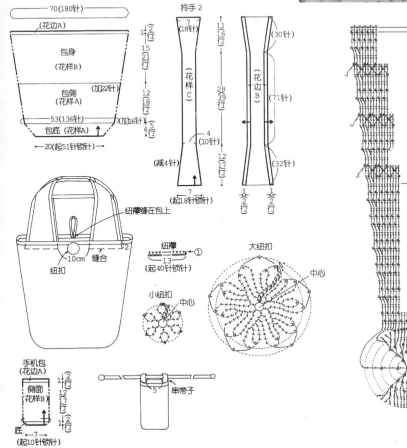

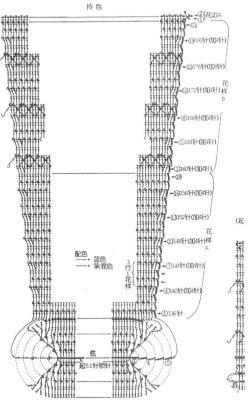

113

材料： 白开司棉线 130 克。

用具： 8 号棒针。

说明： 按图所示编织，先将前后片编织好，然后将前后片用挑针方法连接，最后编织领口、袖口和下摆。

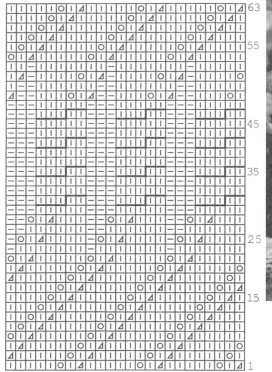

（单位：厘米）

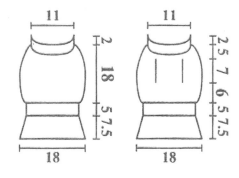

114

材料：绿色和白色花边线各 5 克，
　　　红色花边线少许。
用具：直径 2 毫米的钩针 1 支。
尺寸：直径 5.5 厘米。

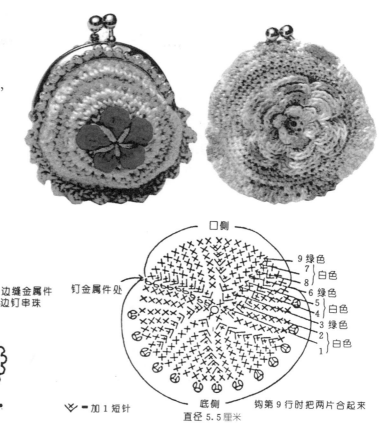

完成图

花
(2 片)

—— 2 ——

金属件长 5 厘米
边缝金属件
边钉串珠

5

—— 5.5 ——

钉金属件处

口侧

9 绿色
7
8 白色
6 绿色
5
4 白色
3 绿色
2
1 白色

底侧
直径 5.5 厘米

钩第 9 行时把两片合起来

∨∨ = 加 1 短针

115

材料：彩色花边线 10 克。
用具：直径 2 毫米的钩针 1 支。
尺寸：直径 7 厘米。

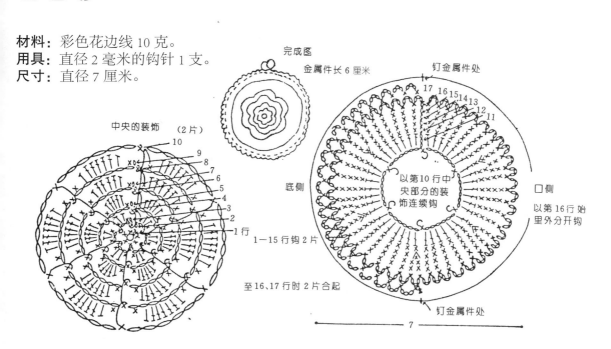

完成图
金属件长 6 厘米

钉金属件处

中央的装饰 (2 片)

10
9
8
7
6
5
4
3
2
1 行

底侧

1—15 行钩 2 片

至 16、17 行时 2 片合起

钉金属件处

—— 7 ——

17 16 15 14 13
12
11

以第 10 行中央部分的装饰连续钩

口侧
以第 16 行始里外分开钩

116

材料： 各色中粗毛线少许。
用具： 钩针。
说明： 从中心开始起针向外
发散钩织。

8次

翻口
不加减针

每行加8针

中心

(64针)

(起8针)

钩针花样
(2块)

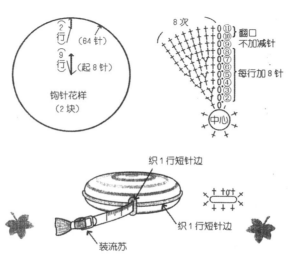

织1行短针边

织1行短针边

装流苏

117

A款

材料：蓝色毛线70克，粉色、浅茶色、紫色各毛线少许。
用具：棒针。
尺寸：长35厘米。

流苏

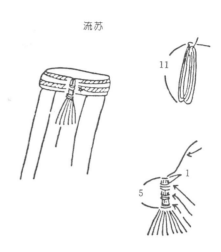

A款配色表

单行松紧针				上针5针 下针1针 }松紧针									
1行	2行	2行	3行	1行	8行	2行	22行	2行	2行	2行	10行	2行	9行
右腿 灰色	紫色	浅黄色	粉色	粉色	蓝色	浅黄色	蓝色	紫色	蓝色	粉色	蓝色	灰色	蓝色
1行	2行	2行	3行	1行	18行	2行	4行	2行	12行	2行	4行	2行	2行	11行
左腿 灰色	紫色	浅黄色	粉色	粉色	蓝色	粉色	蓝色	粉色	蓝色	紫色	蓝色	浅黄色	粉色	蓝色

├──8行──┤├──────────70行──────────┤

B款

材料：浅紫色毛线70克，蓝色和粉毛线各20克，紫色和浅茶毛线各20克。
用具：棒针。
尺寸：长35厘米。

A　B

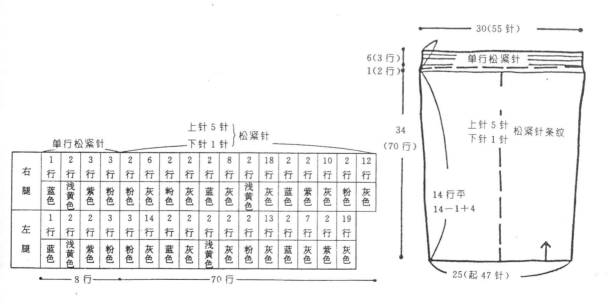

B款配色表

单行松紧针				上针5针 下针1针 }松紧针									
1行	2行	3行	3行	2行	6行	2行	2行	8行	2行	18行	2行	2行	10行	2行	12行
右腿 蓝色	浅黄色	紫色	粉色	粉色	灰色	粉色	灰色	蓝色	灰色	浅黄色	灰色	蓝色	紫色	灰色	粉色	灰色
1行	2行	2行	3行	3行	14行	2行	2行	2行	2行	8行	2行	18行	2行	2行	13行	2行	7行	2行	19行
左腿 蓝色	浅黄色	紫色	粉色	粉色	灰色	蓝色	灰色	浅黄色	灰色	粉色	灰色	蓝色	灰色	紫色	灰色

├──8行──┤├──────────70行──────────┤

（右侧图解标注）
30(55针)
单行松紧针
6(3行)
1(2行)
34(70行)
上针5针 下针1针 松紧针条纹
14行平 14—1+4
25(起47针)

118

材料： 驼色棉线 70 克，本白色棉线
　　　25 克，粉红色棉线 25 克。
用具： 5 号棒针，5 号钩针。
说明： 按图所示编织，先将毛衣的上
　　　半段编织好，然后钩的下半段，
　　　钩一段本白色棉线花样再钩一
　　　段 粉 红色 棉线花样反复 5 次，
　　　最后用钩针钩花边锁边。

（单位：厘米）

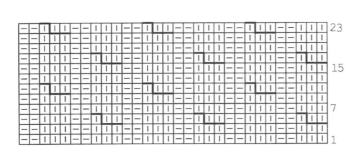

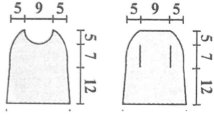

119

材料： 篮子用本白色棉线
　　　　25 克。

用具： 钩针。

辅料： 篮子，1.4 厘米宽的饰
　　　　带。

说明： 底以锁针起 16 针，1-7
　　　　行 加针，至 13 行止不
　　　　加，收针用长针编织。
　　　　檐 边 饰 以锁针起 156
　　　　针作轮织，篮 底 织 装
　　　　上檐边饰，穿饰带。

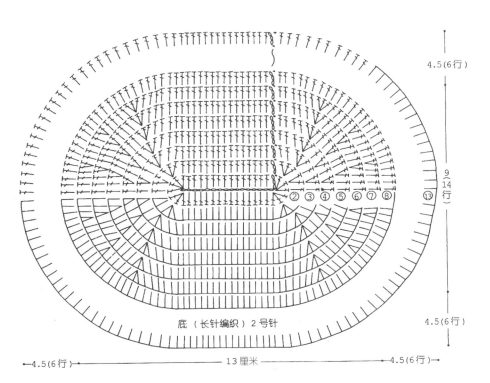

4.5(6行)

9
(14行)

4.5(6行)

底（长针编织）2 号针

4.5(6行)　　　　13 厘米　　　　4.5(6行)

120

材料：米色线 30 克。
用具：0 号钩针。
尺寸：6 针 1 花样。
说明：可根据皮箱周长钩织所需的
长度。

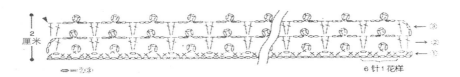

6 针 1 花样

121

材料：枣色线 10 克。
用具：0 号钩针。
尺寸：6 针 1 花样，高度见图。
说明：可根据卡片的大小、颜色，另
配色和加减长度。花样可以单
独用，也可将几个花样连接起
来，作多种用途。

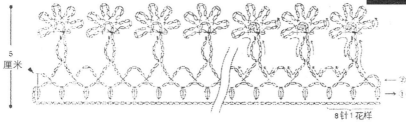

8 针 1 花样

122

材料：细毛腈线。A，米色线10克；
B,白色线12克；米色线10克。

用具：钩针。

尺寸：A 花样，3 厘米×44 厘米；
B 花样，3.5 厘米×45 厘米；
C 花样，3 厘米×43 厘米。

说明：按图示钩织各花，缝合在
装架上。

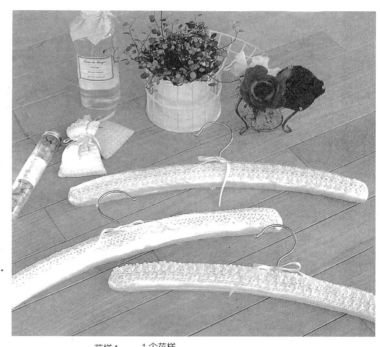

花样A(米色)2块
(花样A)
参照图
3│4
│行
44(31 个花样)

花样B(白色)2 块
(花样B)
45(起185针)
(花边)
挑91 个花样
8│
3│行
0.5│
1│行

花样C(米色)2块
(花样C)
43(起149针)
(花边)
挑73 个花样
5│
2.5│行
0.5│
1│行

花样A
1 个花样
→④
→③
61 59 57
60 58
5 3 ①
6 4 2
②
始织

花样B
8针1花样
1 花样
花边

花样C
1 花样
4针1花样
花边

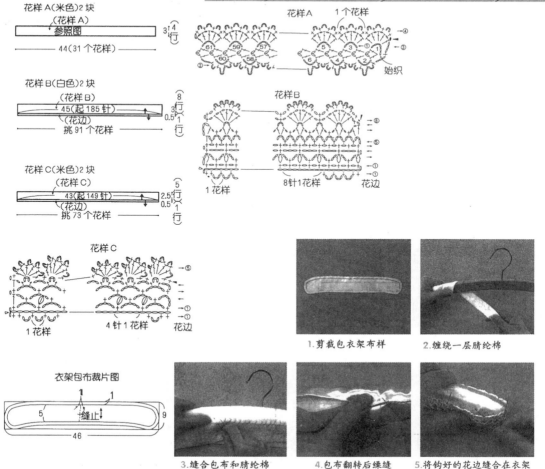

衣架包布裁片图
1
缝止
5
9
46

1.剪裁包衣架布样

2.缠绕一层腈纶棉

3.缝合包布和腈纶棉

4.包布翻转后缲缝

5.将钩好的花边缝合在衣架

123·124

材料： 粉红色、淡黄色、淡蓝色、深蓝色、白色等腈纶细毛线。蓝色、红色毛线少许，黑色和红色绒布适量。

说明： 头、身体和手脚、帽子分别按图示针法钩织，男孩和女孩的钩织法相同。织完后填入腈纶棉，将头手和脚分别缝合在身体和适当位置。面部用薄绒布钉缝眼和口的位置略隐为好。衣领和蝴蝶结用呢绒做成。

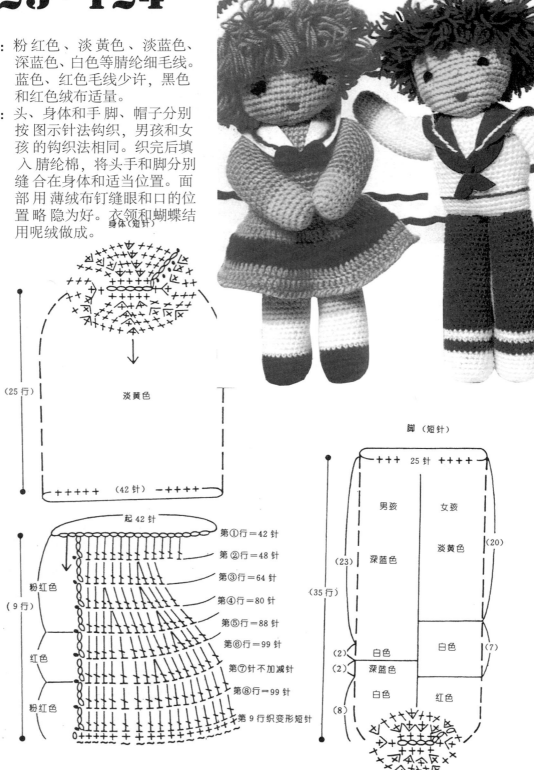

身体（短针）

（25行）

淡黄色

（42针）

起42针

粉红色 （9行）

红色

粉红色

第①行＝42针
第②行＝48针
第③行＝64针
第④行＝80针
第⑤行＝88针
第⑥行＝99针
第⑦针不加减针
第⑧行＝99针
第9行织变形短针

脚（短针）

25针

男孩 女孩

（23） 深蓝色 淡黄色 （20）

（35行）

（2） 白色 白色 （7）
（2） 深蓝色
白色 红色
（8）

123·124

完成图

手（短针）

20针

22行

(7)

红

领

蝴蝶领花

两手前端缝紧

将毛线的一端剪断

帽子固定在头上

图案熨金

领

领带

白色

用蓝色刺绣
1行花纹

深蓝色

将毛线保持圆圈状

38

15

125

材料： 白色、红色、黄色开司米，棕色、粉红色呢绒各少许。腈纶棉球各2粒。

用具： 钩针。

说明： 母鸡和小鸡用短针钩织成袋形，填入腈纶棉球后缝合开口处。母鸡的翅膀缝成开口袋形，小鸡的翅膀则和织流苏一样，最后母鸡的冠部和尾巴用红色毛线编织。

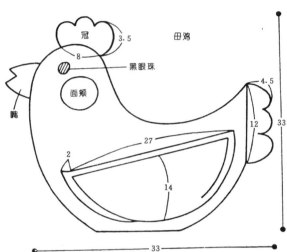

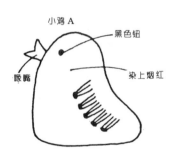

小鸡 A

黑色钮

喙嘴

染上烟红

田鸡的尾巴

18针

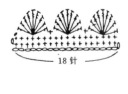

缝合位置

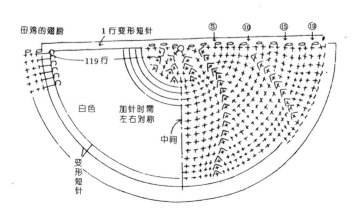

125

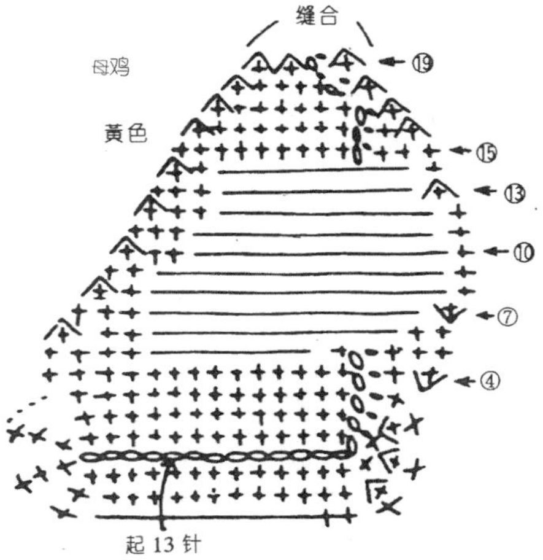
缝合
母鸡
黄色
⑲
⑮
⑬
⑩
⑦
④
起 13 针

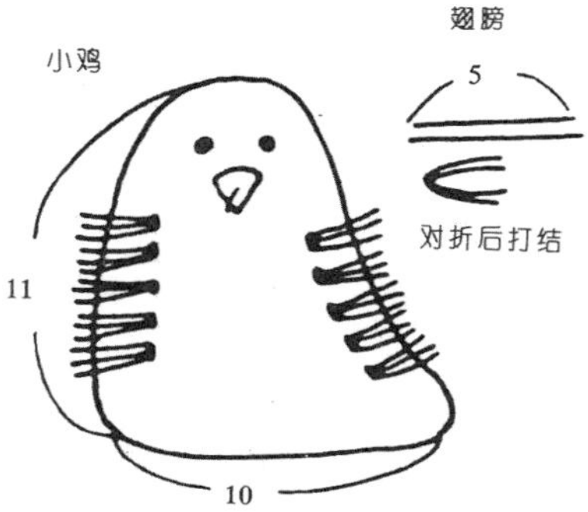
翅膀
小鸡
5
对折后打结
11
10

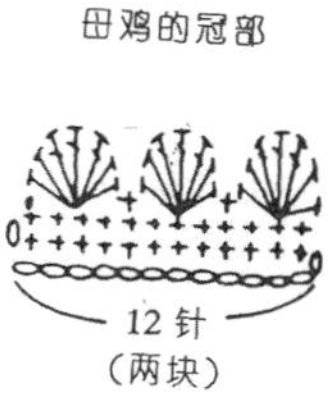
母鸡的冠部
12 针
（两块）

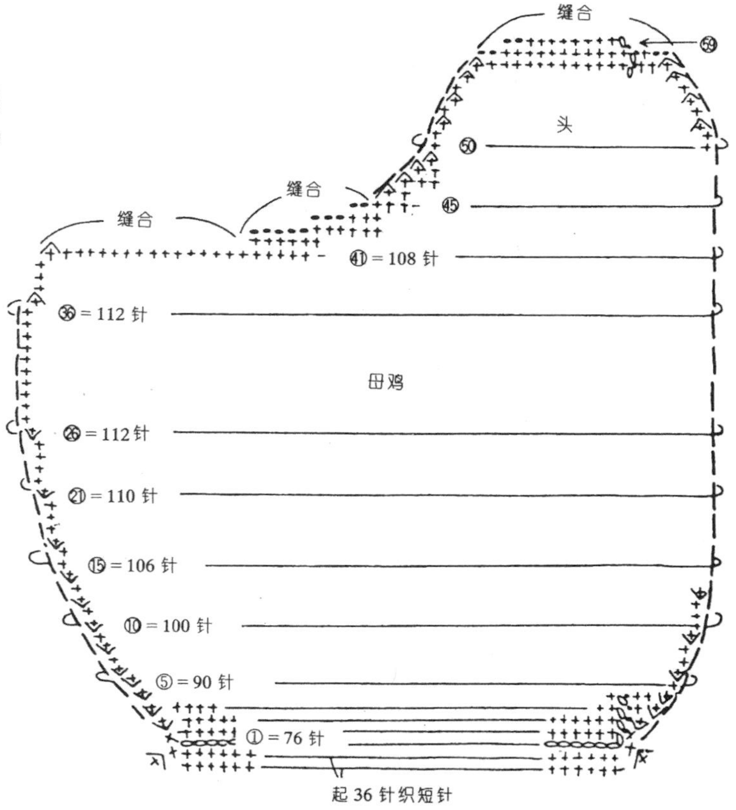
缝合
(59)
头
㊿
㊺
缝合
缝合
㊶ = 108 针
㊱ = 112 针
母鸡
㉖ = 112 针
㉑ = 110 针
⑮ = 106 针
⑩ = 100 针
⑤ = 90 针
① = 76 针
起 36 针织短针

126

A B C

材料: 黑、金黄、翠绿、红、蓝、橙色等
粗毛线,白、红、蓝、橙、黑玫瑰
红呢绒零料各少许,腈纶棉和绣
绒适量。

用具: 钩针。

说明: 三款猫的身体,尾巴和脚、耳朵的
织法相同,钩织时按图间色钩织,
最后用呢绒料制作眼和口等。

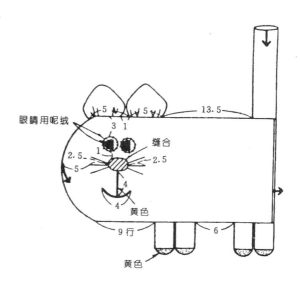

眼睛用呢绒

13.5

缝合

3 1

2.5 1 2.5

5

4

4

黄色

9行   6

黄色

鼻   橙色

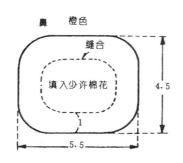

缝合

填入少许棉花

4.5

1

5.5

身体

填入棉花

（长针）

配色法参见
完成图所示

32   27

33.5＝62针

头

5＝5行

织法见右图

头开始时织法

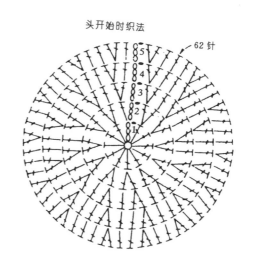

62针

62针

5

4

3

2

126

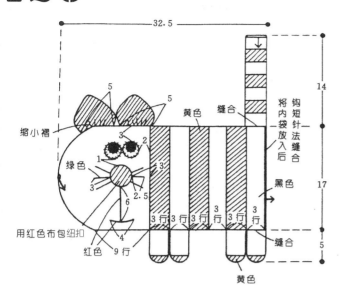

缩小褶

黄色

缝合

钩短针法缝合

将内袋放入后

黑色

绿色

用红色布包纽扣

红色 9行

黄色

32.5

14

17

5

3行 3行 3行 3行 3行

缝合

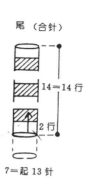

尾（合针）

14＝14 行

2 行

7＝起 13 针

脚（长针）

填入棉花

4＝4 行

1＝行

5

7＝13 针

织 13 针长针

耳 两块 织法见下图

16＝30 针

5＝5 行

30 针 耳

5
4
3
2
1

起针织 6 针长针

A 眼睛

白色两块

2.5

黑色两块

1.3

1.7

C 眼睛

白色两块

2.2

蓝色两块

1.5

白色两块

2.5

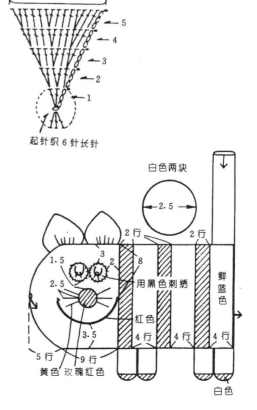

2 行

2 行

8

用黑色刺绣

鲜蓝色

1.5

2.5

红色

3.5

4 行 4 行 4 行

5 行 9 行

黄色 玫瑰红色

白色

127

材料： 米色细腈线 50 克。

用具： 钩针。

说明： 钩织掌围 21.5 厘米，手套长 46 厘米。先钩织 172 针辫子针，1 针叠针成圈，前后片一起钩织图示花样，织至手指处，另挑针钩织各手指。

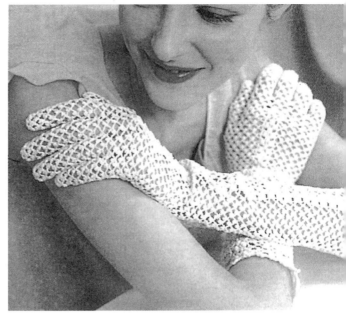

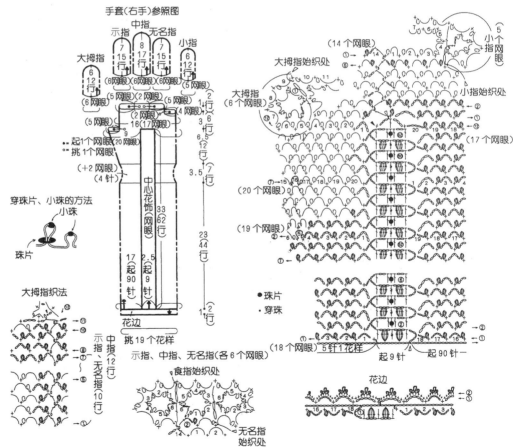

钩针棒针编织基础知识

钩针针法符号介绍

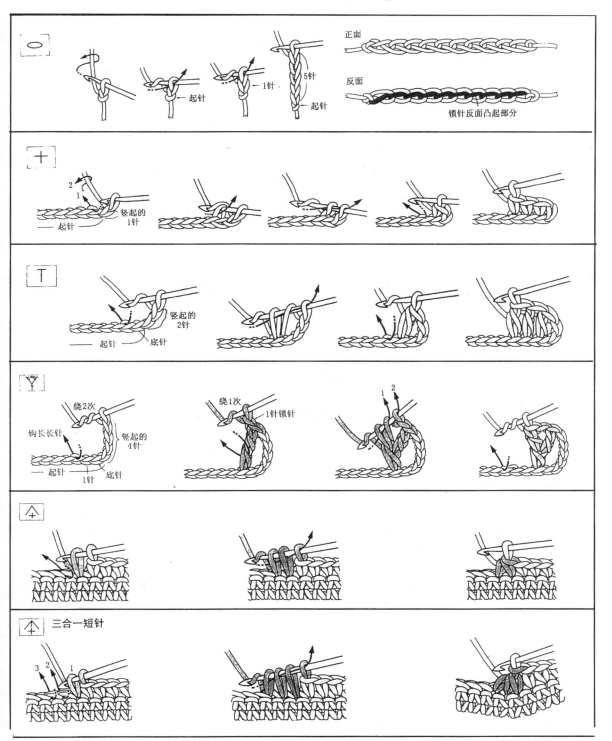

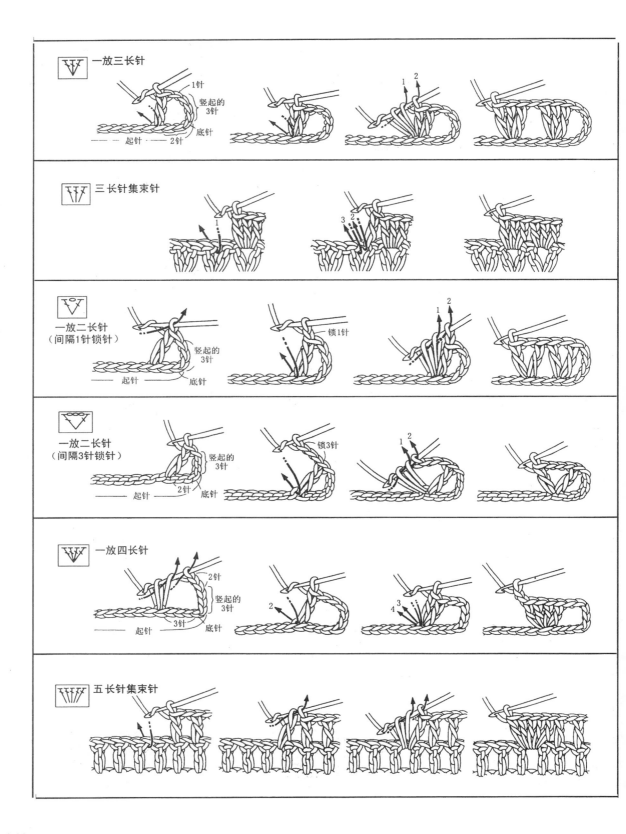

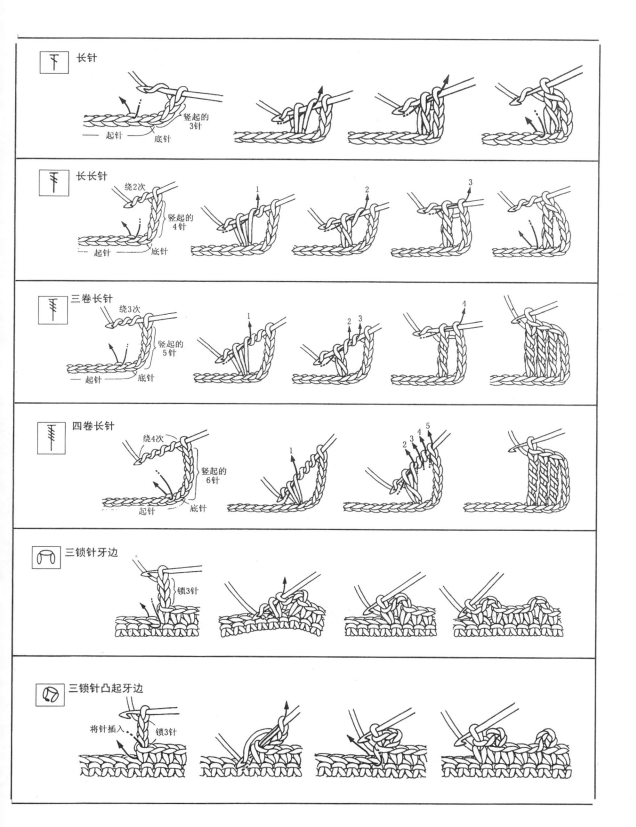

长针

竖起的3针
起针 —— 底针

长长针

绕2次
竖起的4针
起针 —— 底针

三卷长针

绕3次
竖起的5针
起针 —— 底针

四卷长针

绕4次
竖起的6针
起针 —— 底针

三锁针牙边

锁3针

三锁针凸起牙边

将针插入
锁3针

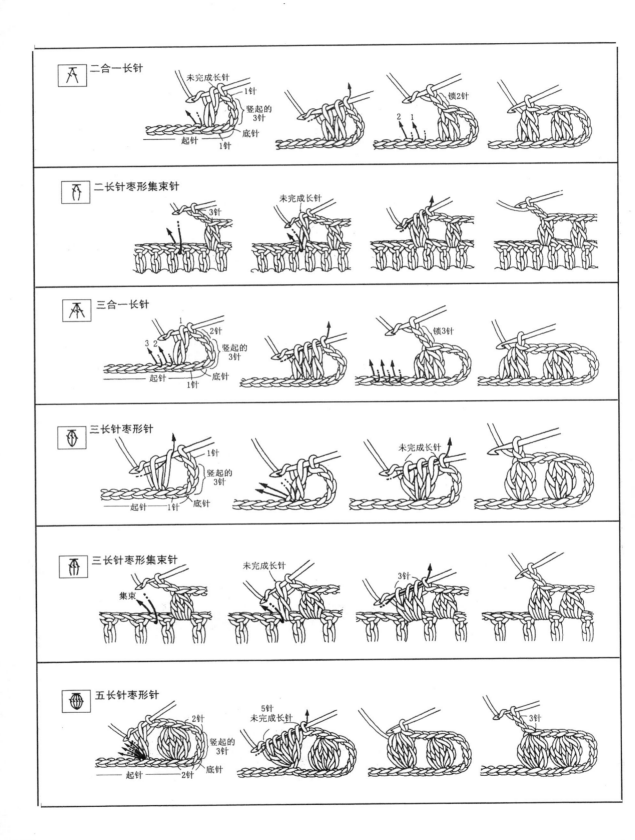

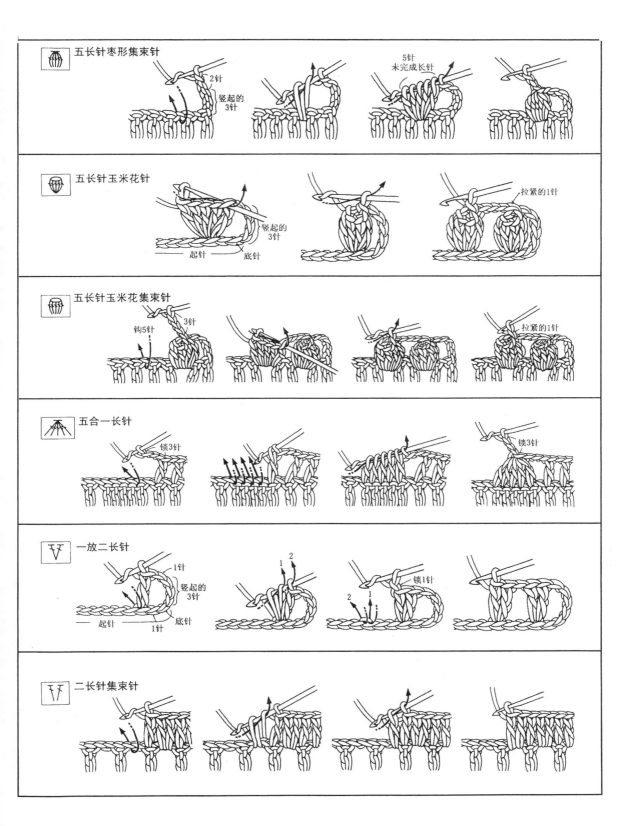

五长针枣形集束针

2针
竖起的3针

5针未完成长针

五长针玉米花针

竖起的3针
起针　底针

拉紧的1针

五长针玉米花集束针

钩5针　3针

拉紧的1针

五合一长针

锁3针

锁3针

一放二长针

1针
竖起的3针
底针
起针　1针

1　2

2　1

锁1针

二长针集束针

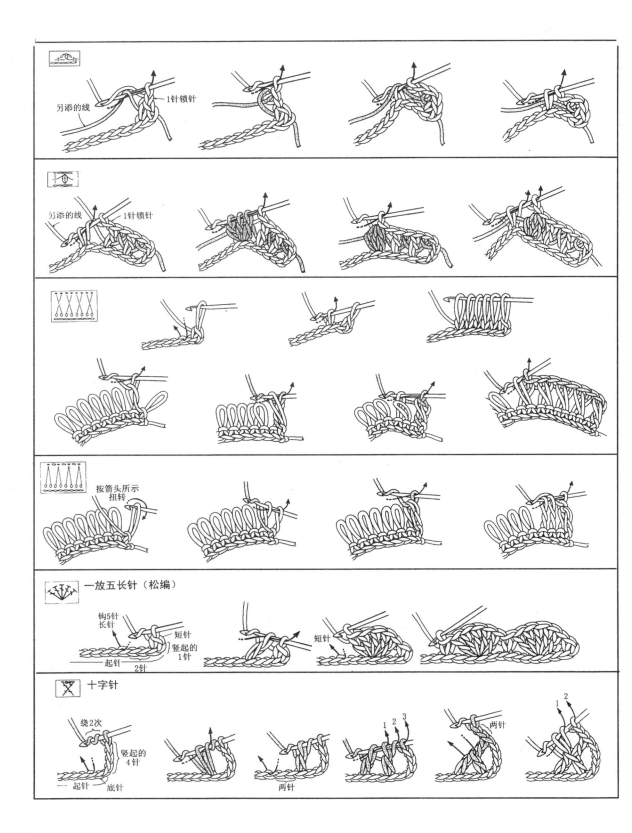

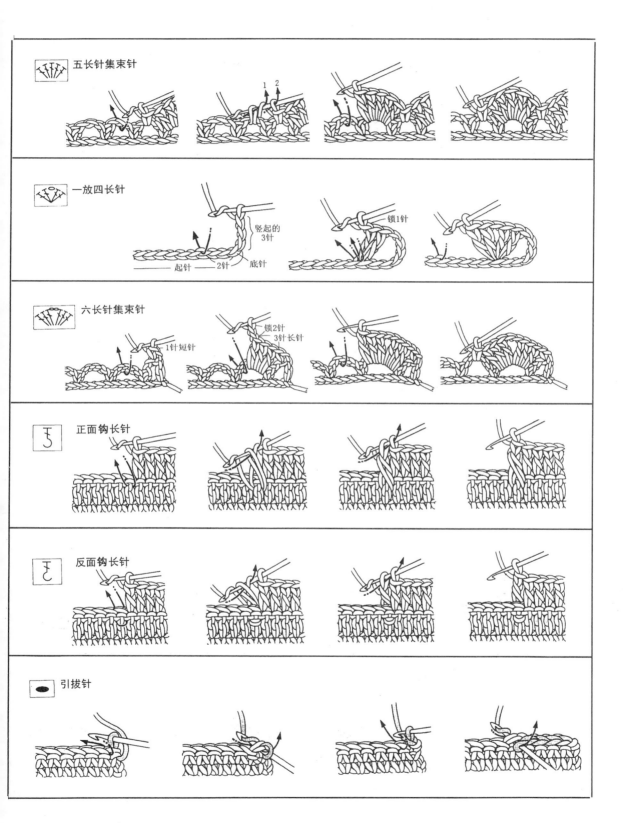

五长针集束针

一放四长针

竖起的3针
起针 2针 底针

六长针集束针

1针短针
锁2针
3针长针

正面钩长针

反面钩长针

引拔针

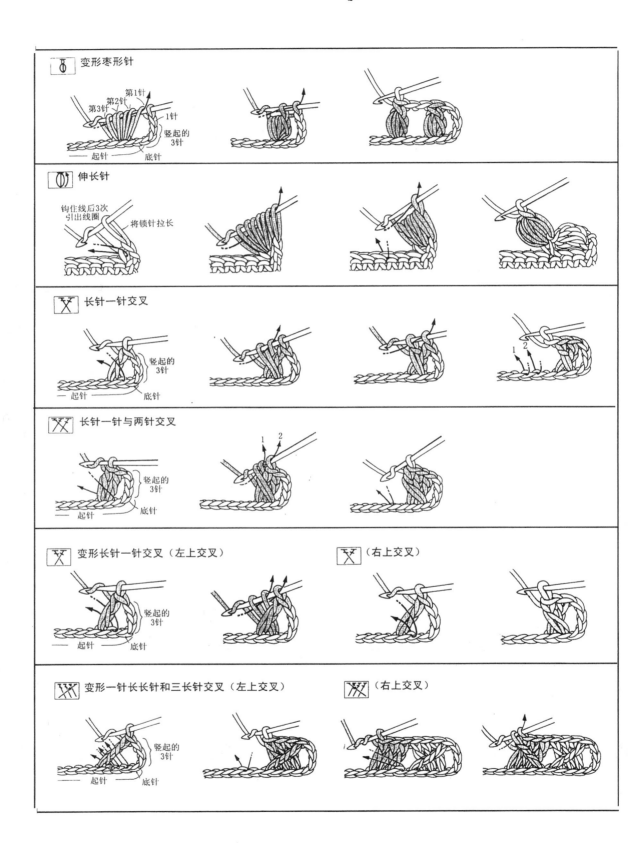

变形枣形针

伸长针

长针一针交叉

长针一针与两针交叉

变形长针一针交叉（左上交叉）　　　（右上交叉）

变形一针长长针和三长针交叉（左上交叉）　　　（右上交叉）

钩针的正确操作法

1.持线的方法

通常，钩织者是用右手拿针，左手拿线。在开始钩织时，把线的一端缠绕在小指和无名指之间，再向上绕于示指与中指之间，而线尾则垂于手掌心的一方。用大拇指和中指按住线端，伸出示指以调节毛线的活动幅度，如右图所示。当然，也可以根据每个人的不同习惯，采用中指来调节毛线的活动幅度。

左手持线

2.持针的方法

持针的具体姿势如右图所示。用大拇指及示指在距针尖约四五厘米处捏住钩针，然后将中指轻轻地压在杆上，用力要自然，不宜用劲过大，以推动钩针钩取毛线并调节每针的高度。

右手持针

4cm

选择合适的钩针

1.要注意钩针的外观质量

钩针由弯钩、针轴、捏手和针杆四个部分组成。一般的钩针长约15厘米。在选择时，应先仔细观察针尖是否光洁、细滑，但不能太尖，以免使钩起的毛线分叉。此外，钩针的弯钩深浅也要适宜，太深则会使钩出的毛线不易脱钩，太浅了毛线不易钩住。弯钩的深度要根据钩针的大小而定，弯钩与针轴之间的夹角一般为60°。

2.要考虑到毛线的粗细

去商店购买钩针时，最好带上一根想要钩织的毛线，以便选择到一枚钩针头与毛线一样粗细的钩针。如果钩针头比毛线稍粗一点也可以。

3.要考虑到钩织的花样

一般来说，钩织较为松散的花样时，可以选择用比毛线粗一些的钩针。钩织较为紧密的花样时，则要选择比毛线细一点的钩针。

4.依据个人的钩织手法和用力的程度

倘若是习惯钩松的，则可选择细一点的钩针；而习惯钩紧的，则可选择粗一些的钩针。新的钩针在使用之前，最好先用干布擦几遍，以使钩针光滑、好使。

钩针的起针法

1.一般的起针方法

左手持线，右手持针从线中间向前按箭头方向绕圈，再钩取一圈毛线，把该圈的毛线沿箭头方向引出成锁针。

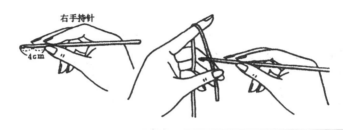

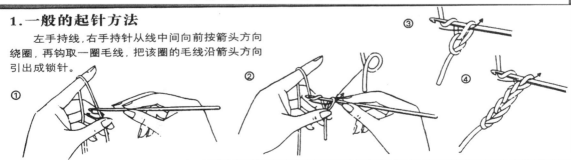

① ② ③ ④

2.圆形编织物起针法 A

　　钩针先钩取一圈毛线,再钩取一圈毛线,并从前一圈中穿出,如此①重复钩织。在钩织到所需针数后将毛线的线尾拉紧。

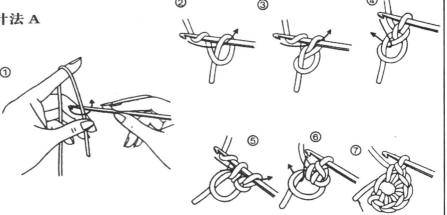

3.圆形编织物起针法 B

　　以左手大拇指及中指按住线尾,右手持线在左手示指上绕一圈毛线,钩针穿出该圈毛线后再钩取线圈并引出,如钩织短针时,可多钩织一针锁针。在钩织到所需针数后,将第一针与最后一针连接起来,并将线尾拉紧。

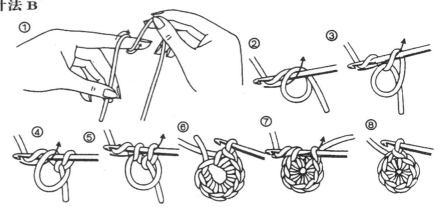

4.圆形编织物起针法 C

　　这一方法与 B 法基本相同,不同之处在于第一步是将右手持线在左手中指上绕两圈毛线,而 B 法只绕一圈。

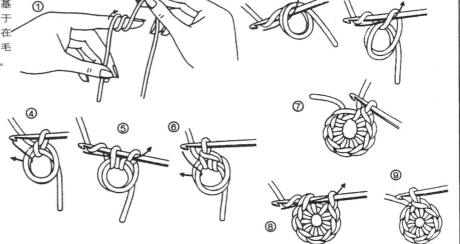

5.圆形编织物起针法D

先按一般起针法钩织数针，再将首、尾两针连接起来，并加钩一针。钩针通过由锁针连成的圆孔中间钩取毛线，钩织短针至所需针数后，将短针首、尾两针连接起来。

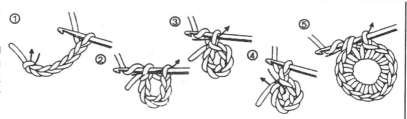

钩针的加针法

1.短针编织起点加一针法

这是一种在编织短针时，于起点加针的方法。以编织一针锁针高度为标准，并沿箭头方向在第一针处编织两针短针。

2.短针编织终点加一针法

这是一种在一行的最末端加一针的方法。在编织到最后一针时，在其上加织一针短针。

3.短针编织终点加数针法及起点加数针法

短针编织终点加数针法：在编织到最后一针时，再向外多织数针锁针（即所需加的针数），并加织一针，以作短针的高度。编织时钩针应按图示箭头方向穿行。

短针编织起点加数针法：它的锁针织法是以同样的毛线另起加针数，然后将之连接在要加针的织物上，并按图示箭头方向穿出。

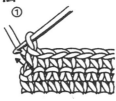
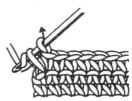

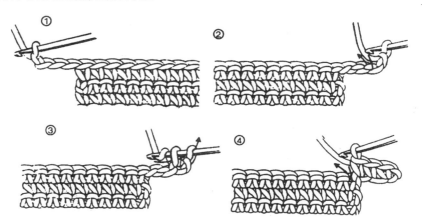

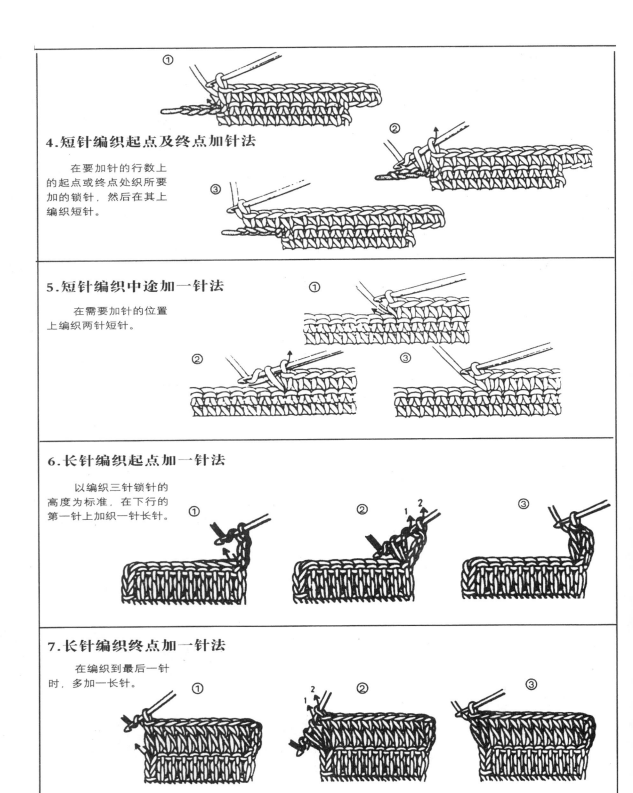

4.短针编织起点及终点加针法

在要加针的行数上的起点或终点处织所要加的锁针，然后在其上编织短针。

5.短针编织中途加一针法

在需要加针的位置上编织两针短针。

6.长针编织起点加一针法

以编织三针锁针的高度为标准，在下行的第一针上加织一针长针。

7.长针编织终点加一针法

在编织到最后一针时，多加一长针。

8.长针编织两针以上的起点加针法

在下行编织完成后,加织若干锁针数(即要加的针数),然后以三针锁针的高度为标准,按图所示编织长针。

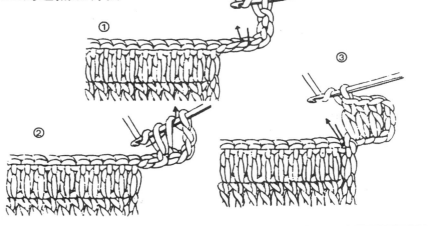

9.长针编织两针以上的终点加针法

以同色的毛线在编织物的末端织上所要加的针数的锁针,并按图示编织。

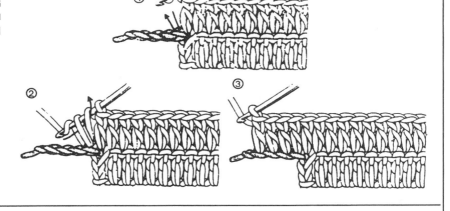

10.长针编织中途加针法

在需要加针的位置上多织一针长针。

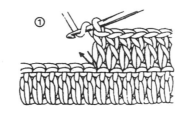

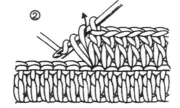

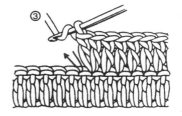

钩针的减针法

1.短针编织起点减一针法

从减针行数的第二针起。

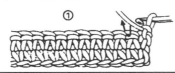

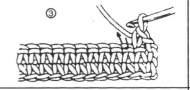

2.短针编织起点及终点减针法

先在终点减去一针，然后在编织另一行起点时减去一针。

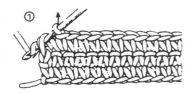

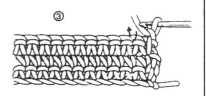

3.短针编织起点的两针并一针减针法

在下行短针处同时沿图示箭头方向钩取两圈毛线，然后再按图3所示编织在一起。

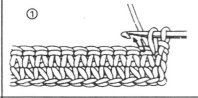

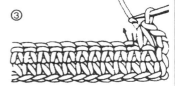

4.短针编织终点减一针法

在编织最后一针时要按图示进行编织。

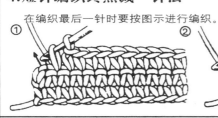

5.短针编织起点的两针以上减针法

与"两针并一针"的减针法基本相同，不同的是本法所减的针数较多。

6.短针编织终点的两针以上减针法

与前法相同，在末端减去数针。

7.短针编织起点的跳线减针法

把需要减去的针数空着，将毛线延伸到要编织的位置上继续编织。

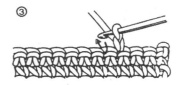

8.短针编织终点的空针减针法

将要减去的针数空着不编织。

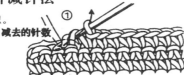

9.短针编织中途减一针法

在需要减针处编织两针并一针法。

10.长针编织起点减一针法

在起点锁针下的一针不编织，而编织后一针，然后与锁针活结作两针并一针的织法。

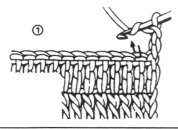
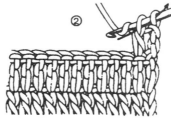
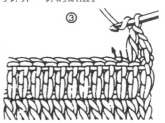

11.长针编织终点减一针法

将最末两针作两针并一针的织法。

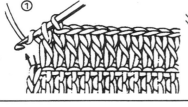

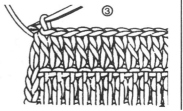

12.长针编织起点两针以上的减针法

与减一针的方法相同。

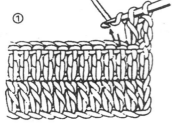
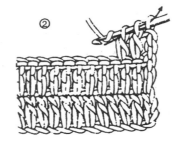

13.长针编织终点两针以上的减针法

与减一针的方法相同，可作四针并一针织法。

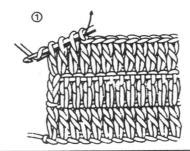
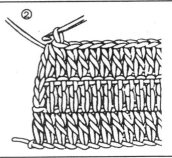

14.长针编织中途减一针法

先在减针位置上织长针，然后作两针并一针的减针法编织，再继续编织。

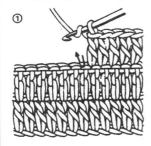
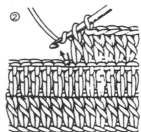
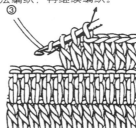
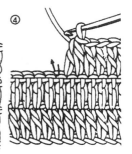

钩针的缝合法

1.圈针缝合法

将两织物需要缝合的位置对准，用缝衣针穿上毛线后从织物的边缘处缝合。

2.锁针缝合法A

在织物两底部的外缘钩取一圈毛线，并通过两层织物继续钩取活结并织锁针。

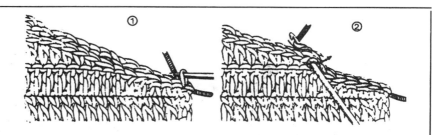

3.锁针缝合法B

与A法略有不同。本法用三针以上的锁针间隔来缝合。在缝合波浪形花纹图案的织物时常用此法。

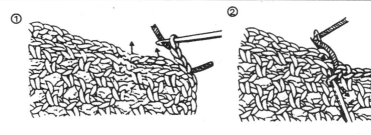

4.回针缝合法

缝合法如图所示。

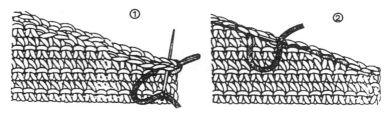

5.下针缝合法

在织物外边缘如图所示用针缝合。

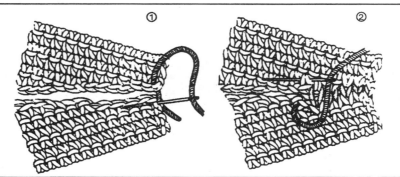

6.弓字形缝合法

在织物的底部缝合，缝针的走势为弓字形。

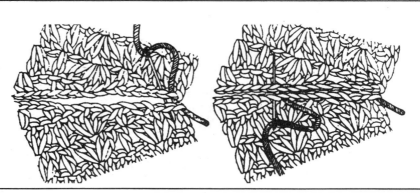

7.短针缝合法

在两织物的边缘用编织短针的方法缝合。

8.线索缝合法

在需要缝合的长针织物上，用缝衣针按图所示缝合。

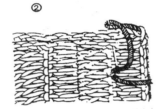

钩针的挑针法

1.钩针挑针法

在短针及长针织物上挑针较为容易，它的长度相当于下行的针数。在编织花样上挑线则较为困难，它必须正确地计算出织物宽度所需的针数，才能着手挑针编织。挑针时有在织物边缘的锁针中间挑针，也有在锁针下挑针。

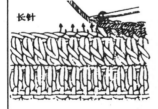
长针
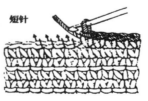
短针

花样编织

2.垂直挑针法

在短针上垂直挑针时，其针数相等于织物的行数。在长针或编织花样上挑针，则先要计算出该织物宽度之所需针数，然后才可着手编织。

短针
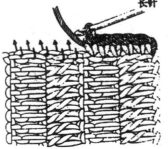
长针
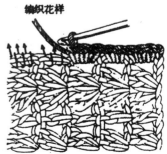
编织花样

花样拼接的方法

1.边钩辫子边拼接的方法

①

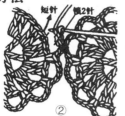
②

③

④

如果是在最后一行有五针锁针的网状编织的情况，利用中间第三针进行拼接。

钩两针锁针后将针插入本花样的线圈中钩第三针。

钩出剩余的两针锁针后再钩短针。第二个凸起线圈以相同方法拼接。

这样就把相邻的两个基本花样拼接起来了。

2.边钩短针边拼接的方法

①

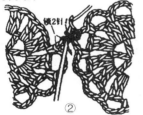
②

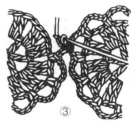
③

④

钩两针锁针，将针插入相邻的基本花样的线圈中，引出线圈。

再钩住线后按箭头所示穿出，钩出短针。

这样就是用短针将相邻的基本花样拼接起来。

钩出剩余的两针锁针后再钩短针。第二个凸起线圈以相同方法拼接。

3.边钩长针边拼接的方法

①

②

③

④

⑤

将针从线圈中取出，插入相邻基本花样中，再穿入线圈中。

再将针插入长针的针头处按箭头方向引出线圈。

用针钩住线依次从两个线圈中穿出，钩出长针。

第二针可将针从一个长针的针头处插入，按2、3相同的步骤钩。

最后一针长针也照此钩，然后就按照花样进行正常的钩织。

4.半针卷缝拼接方法

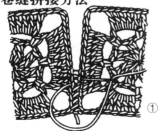
①

②

③

用缝衣针穿好线后，将两个一花样依次卷缝。

将另外两个花样移近，先须切断线，继续卷缝。

横向以相同方法拼接，4块花样拼接处缝线呈"x"形。

5.用辫子针拼接的方法

① 两块花样正面对齐，在箭头位置钩住线从外侧并针处一起穿出。

线头在钩针上面
② 把线头置予左边，将线在线头下面从外侧半针穿出。

线头在钩针下面
③ 下一行在线头上面穿出，如此上下操作可将线头固定住。

④ 避开线头，就可从外侧半针处用辫子针拼接花样了。

6.用短针拼接的方法

钩1针锁针
① 两块花样正面向外对齐，从角上一针的外侧半针处钩住线。

② 引出线圈，钩一针锁针竖起。

③ 将针插入外侧半针处，钩住线后按箭头所示引出线圈，钩一针短针。

④ 将针插入外侧半针处一针一针地钩织短针。

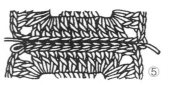
⑤ 图示为一边拼接至最后一针的两块花样。

⑥ 如果要从反面用短针拼接，将两块花样正面对齐，从最后一行的整个针头处起针进行拼接。

纽孔的编织法

1.短针编织纽孔 A

① 这是使用平行方法编织的纽孔。编织时先要决定纽孔的所在位置，然后从右端来回编织，行数约等于纽孔的高度，针数等于纽孔间的距离。收线后，再重新在前襟左端挑线编织。② 完成后，再从右端起点挑针织短针两行至左端终点。③ 最后用缝衣针穿上毛线后在纽孔的边缘锁缝整齐。

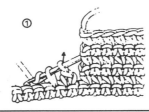
①
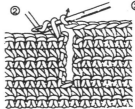
②
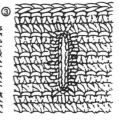
③

2.短针编织纽孔 B

① 在需要编织纽孔的位置上钩织锁针（针数为纽孔的长度）。② 继续钩织其余的短针。③ 下行短针钩织到纽孔位置时，在钩针通过锁针底部钩取毛线。

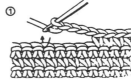
①

②

③

3. 半圆形纽孔 A

①在需要编织纽孔的位置上钩织5针锁针。②继续钩织其余的针数。③钩织上行长针至纽孔位置时，在锁针的中间钩织一针短针。④然后继续钩织其余针数。

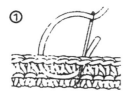   

4. 半圆形纽孔 B

按图示进行编织。

5. 长针编织纽孔 A

织法与短针编织纽孔 B 法相同。

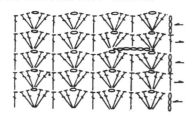 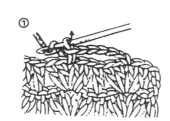 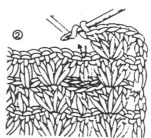

6. 长针编织纽孔 B

①在需要钩织纽孔的位置上钩织5针锁针。②继续钩织其余的针数。③钩织上行长针至纽孔位置时，在锁针的中间钩织一针短针。④然后继续钩织其余针数。

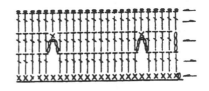

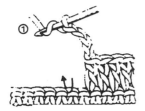  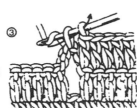 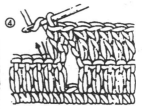

棒针针法符号介绍

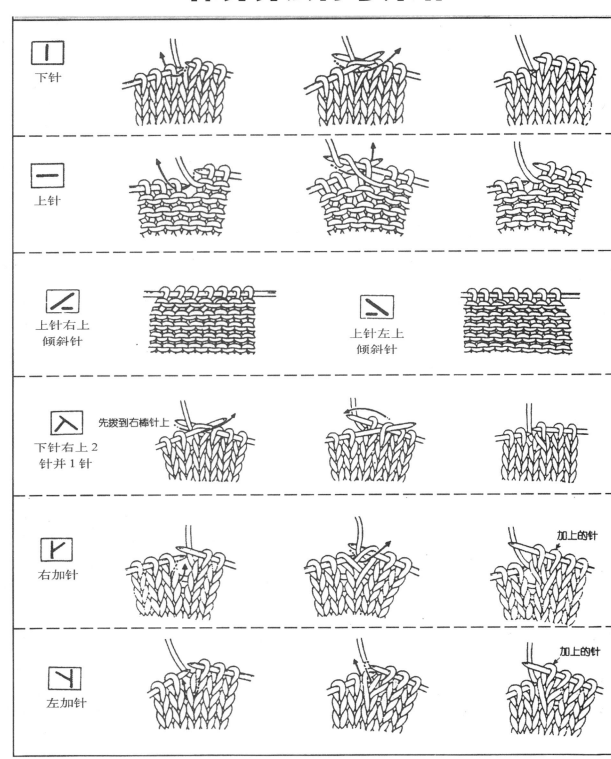

下针

上针

上针右上
倾斜针

上针左上
倾斜针

下针右上2
针并1针

先拨到右棒针上

右加针

加上的针

左加针

加上的针

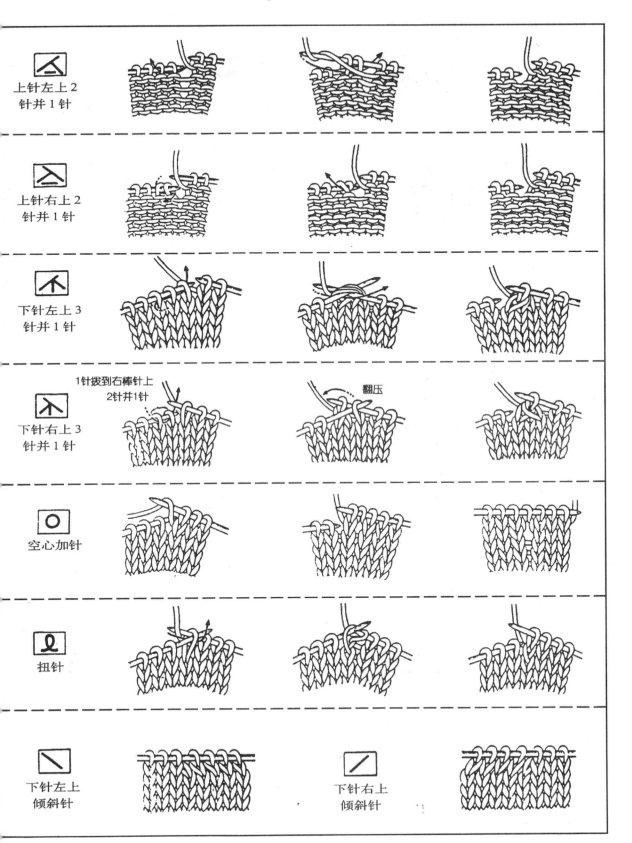

上针左上2
针并1针

上针右上2
针并1针

下针左上3
针并1针

1针拨到右棒针上
2针并1针

翻压

下针右上3
针并1针

空心加针

扭针

下针左上
倾斜针

下针右上
倾斜针

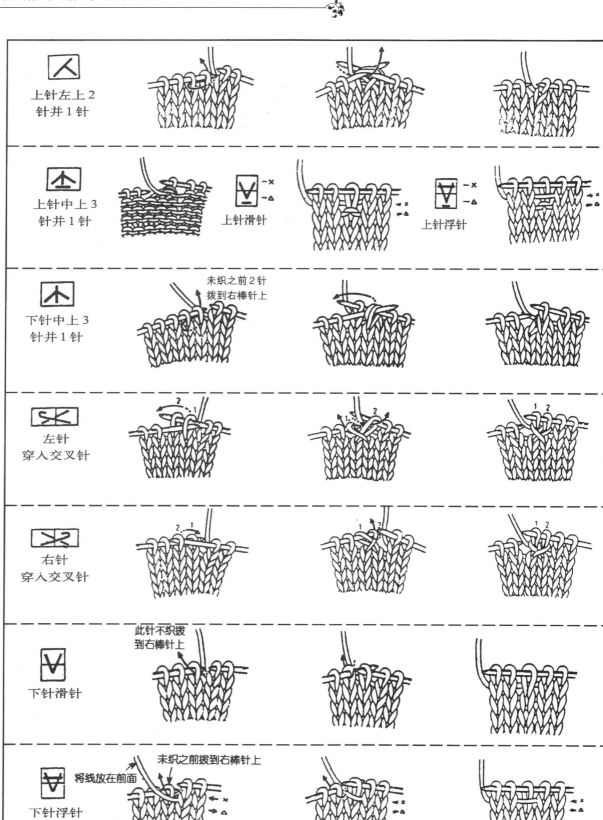

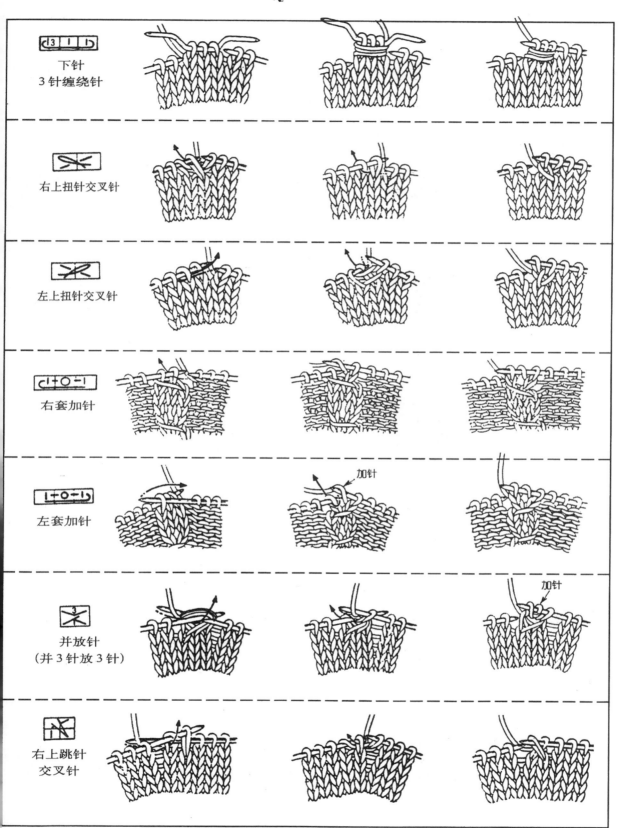

下针
3针缠绕针

右上扭针交叉针

左上扭针交叉针

右套加针

左套加针
加针

并放针
（并3针放3针）
加针

右上跳针
交叉针

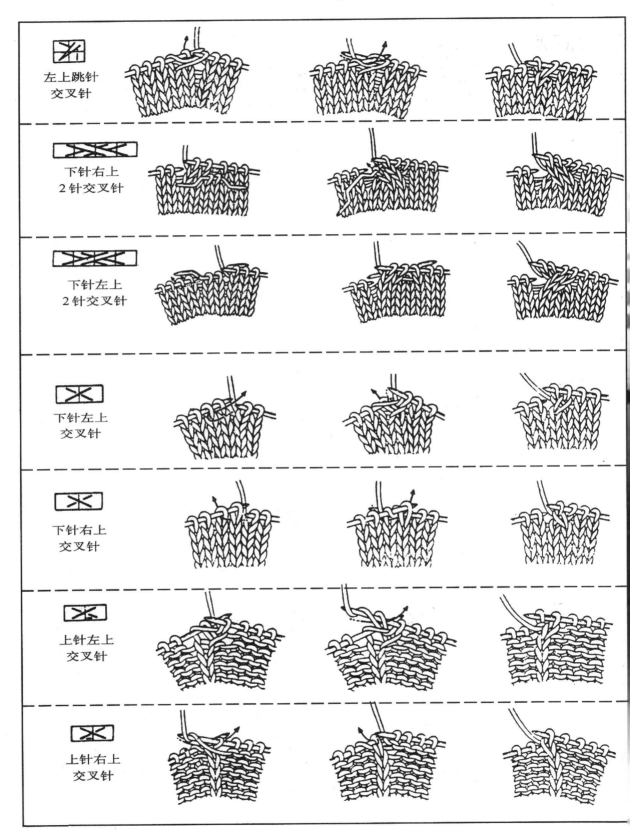

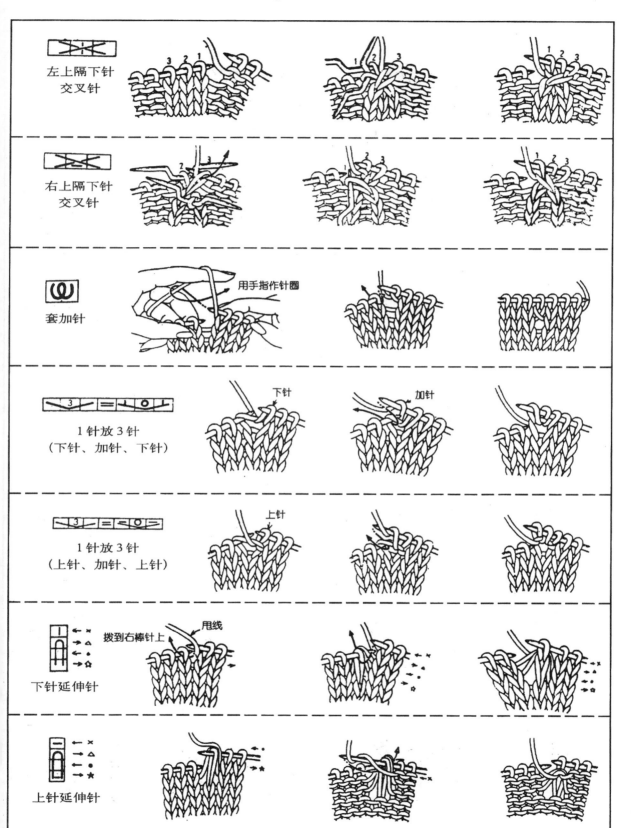

左上隔下针
交叉针

右上隔下针
交叉针

套加针

用手指作针圈

1针放3针
（下针、加针、下针）

下针

加针

1针放3针
（上针、加针、上针）

上针

下针延伸针

拨到右棒针上

甩线

上针延伸针

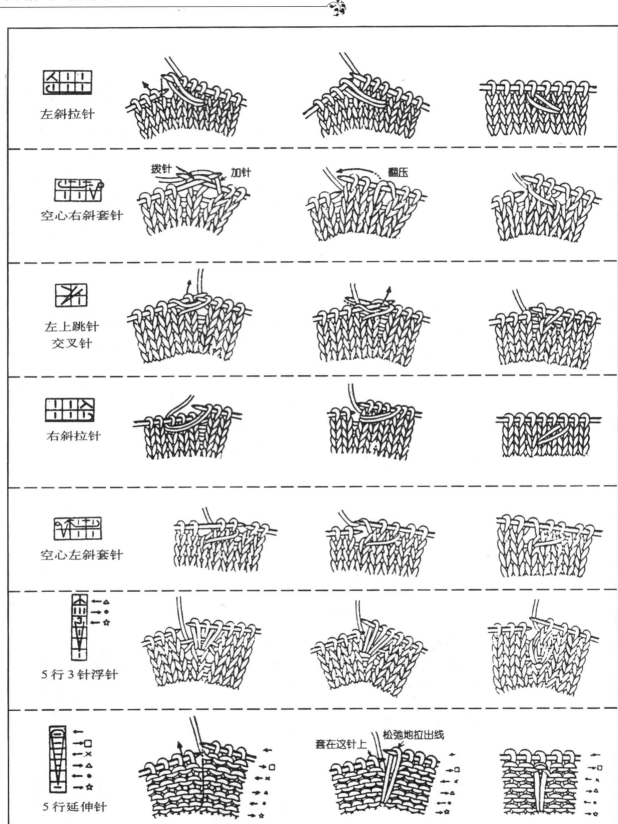

左斜拉针

空心右斜套针

拨针　　　加针　　　翻压

左上跳针
交叉针

右斜拉针

空心左斜套针

5行3针浮针

5行延伸针

套在这针上　　松弛地拉出线

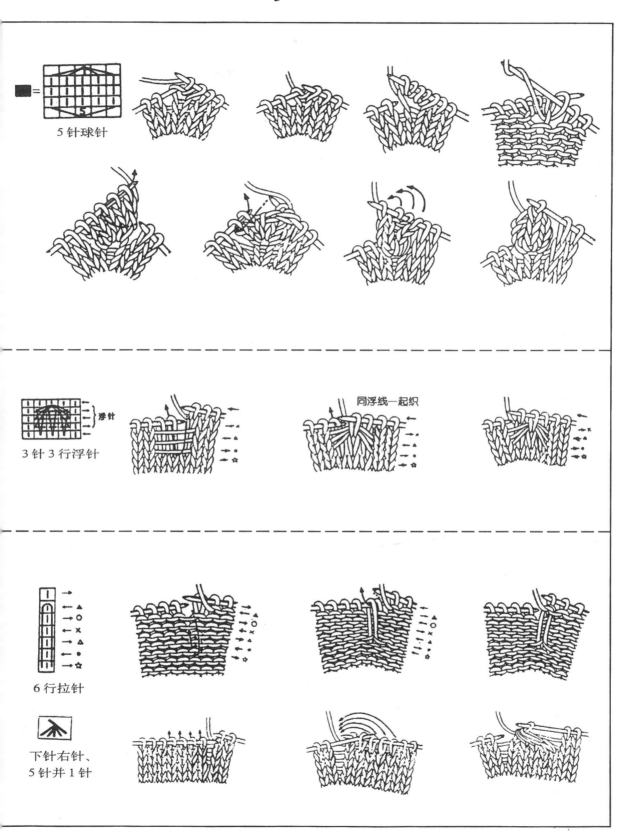

5 针球针

3 针 3 行浮针

同浮线一起织

6 行拉针

下针右针、
5 针并 1 针

图书在版编目（CIP）数据

图解手编饰品大全 / 宋晓霞等编著 . —上海：上海科学技术文献出版社，2013.9
ISBN 978-7-5439-5876-0

Ⅰ.①图… Ⅱ.①宋… Ⅲ.①手工艺品—手工编饰—编织—图解 Ⅳ.① TS935.5-64

中国版本图书馆 CIP 数据核字（2013）第 141948 号

责任编辑：祝静怡
封面设计：周 婧

图解手编饰品大全
宋晓霞 等编著
出版发行：上海科学技术文献出版社
地 址：上海市长乐路 746 号
邮政编码：200040
经 销：全国新华书店
印 刷：常熟市大宏印刷有限公司
开 本：787×1092 1/16
印 张：12
字 数：300 000
版 次：2013 年 9 月第 1 版 2013 年 9 月第 1 次印刷
书 号：ISBN 978-7-5439-5876-0
定 价：35.00 元
http://www.sstlp.com